皇帝怎么喝

《紫禁城》杂志编辑部◎编

故宫出版社

图书在版编目（CIP）数据

皇帝怎么喝 /《紫禁城》杂志编辑部编 . —北京 : 故宫出版社 , 2019.12

ISBN 978-7-5134-1279-7

Ⅰ . ① 皇… Ⅱ . ① 紫… Ⅲ . ① 宫廷—酒文化—中国—清代 Ⅳ . ① TS971.22

中国版本图书馆 CIP 数据核字（2019）第 282746 号

皇帝怎么喝

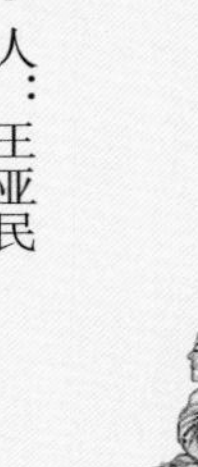

出 版 人：王亚民
责任编辑：周利楠 黄婵媛
设 计：王 梓
出版发行：故宫出版社
地址：北京市东城区景山前街4号 邮编：100009
电话：010-85007808 010-85007816 传真：010-65129479
邮箱：ggcb@culturefc.cn
制 版：北京印艺启航文化发展有限公司
印 刷：北京启航东方印刷有限公司
开 本：889毫米×1194毫米 1/16
印 张：13
版 次：2019年12月第1版
2019年12月第1次印刷
印 数：1～6000册
书 号：ISBN 978-7-5134-1279-7
定 价：76.00元

目录

第一章

清代宫廷用酒

酒与酒宴活动，自古以来就是宫廷皇室生活的重要部分。清代自清太祖努尔哈赤时就定制：「饮酒仅限三巡。」然而后世的清代皇帝并未严格遵循，清代宫廷饮酒的情况并非我们想象的那样简单。

清代皇帝饮酒趣事

清人绘　玄烨（康熙皇帝）朝服像轴

康熙皇帝畅饮马乳酒

康熙皇帝自己不饮酒，并常劝诫别人少饮酒，但是也有一次豪饮的例外。

为抵御沙俄的入侵，巩固东北、西北边防，康熙皇帝曾四十余次巡视塞北，多次举行木兰秋狝，在围场举行野宴，招待蒙古各旗首领和亲王，借以联络感情并增进友谊。

康熙二十三年（一六八四年）六

康熙皇帝劝人少饮酒

世之好饮者，乐酒无度，心恒狂乱，遂至形骸颠倒，礼法丧失，其为败德，何可胜言……

朕自幼不喜饮酒，然能饮而不饮。平日膳后或遇年节筵宴之日，止小饮一杯。人有点酒不闻者，是天性不能饮也。如朕之能饮而不饮，始为诚不饮者。

大抵嗜酒则心志为其所乱而昏昧，或致疾病，实非有益于人之物。故夏先君以旨酒为深戒也。

——《庭训格言》

清康熙　仿成化青花团凤纹杯

清康熙　青花缠枝菊花纹腰鼓式瓶

康熙皇帝的「祝酒词」

此酒朕牧群内马乳所蒸之酒，系牧马首领送来，故于阅视牧群处与王及诸臣饮之。今日日色融和，又在塞地，尔等各宽心畅饮。

——《康熙起居注》

清康熙　仿成化斗彩鸡缸杯及其款识

清康熙　五彩花卉纹杯

清康熙　匏制勾莲纹壶

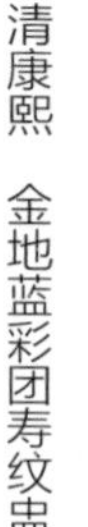

清康熙　金地蓝彩团寿纹盅

月，康熙皇帝巡行塞外草原，在这里与蒙古王公共同畅饮马乳酒。六月二十一日这天，晴空万里，蒙古草原数万匹马往来其间，一望无际。清晨，康熙皇帝率领诸位王公大臣、侍卫在黄幄前阅视马匹、骆驼及牛、羊牧群。随后，他下令赏赐随行的众臣及蒙古王公五千余匹马，并奏乐与诸臣共饮马乳酒。宴上气氛十分热烈，众人又跳又唱，直到尽兴乃止。

清人绘　胤禛（雍正皇帝）朝服像轴

节制饮酒的雍正皇帝

据传闻，雍正皇帝日日饮酒，毫无节制。也有人说，雍正皇帝与隆科多在宫中饮酒，常常饮至深夜，直到隆科多喝得酩酊大醉，才被近侍们抬出云云。但据史料记载，四川巡抚蔡现内调朝廷后，数月也不见雍正皇帝饮酒。陕西固原提督路振扬到京觐见，临离京前也对雍正皇帝说：「臣闻流言，谓皇上即位

清雍正 黄釉白里盅

清雍正 霁蓝釉小杯

后，常好饮酒。今臣朝暮入对，惟见皇上办事不辍，毫无酒气。」可见传闻不实。

其实，雍正皇帝也是饮酒的，只不过他注重的是酒的药用与养生作用。如他在雍亲王府时，就搜集药酒配方，继位后又于雍正八年（一七三〇年）首创开笔仪式上饮屠苏酒以求除瘟避疫的先例——这也是出于健康养生的目的。

清人绘　弘历（乾隆皇帝）朝服像轴

乾隆皇帝与玉泉酒

清乾隆时期始酿玉泉酒。此酒因多在春季或秋季取「天下第一泉」的玉泉水酿造而得名。春秋两季，北京雨水少，玉泉水最清、最洁，适宜酿酒。

乾隆皇帝平日及节日饮用的主要是玉泉酒，御膳房做菜，也以玉泉酒作调料。如档案记载：乾隆四十八年（一七八三年）五月十四日，太监常

汉 绿釉弦纹壶
此壶上有乾隆皇帝赞美此壶的御制诗。

宁传旨：「自今日起，以后做膳不用招（着）玉泉酒，因为皇上有病症。」五月二十四日，乾隆皇帝出巡热河、盛京，五月二十八日行至常山峪行宫，进早膳之后，太监又传旨：「今日晚膳……使些玉泉酒。自今日晚膳起，玉泉酒二两照例添起。」看来，此时的乾隆皇帝已经病愈，不仅做菜要加玉泉酒调味，而且每日晚膳饮用的二两玉泉酒也恢复了。

清乾隆　银錾花鎏金葫芦形执壶

玉泉酒的酿造

玉泉水酿酒，每糯米一石，加淮曲七斤、豆曲八斤、花椒八钱、酵母八两、箬竹叶四两、芝麻四两，可成造醇美浓香的玉泉旨酒九十斤。

清乾隆　青花开光花果纹带盖执壶

清乾隆　乾隆仿古款粉彩鸡缸杯

清乾隆　金胎画珐琅花卉纹杯盘

清乾隆　金胎画珐琅人物纹杯盘

清 青玉太白醉酒

经常饮酒的嘉庆皇帝

嘉庆皇帝也经常饮酒，每日酒量不等，少则六七两，多则十两、十二两（清制，十六两为一斤），有时甚至一天要饮用十四两、十五两。嘉庆九年（一八〇四年）五月十六日，嘉庆皇帝初次游湖，当天饮用了四两太平春酒及十两玉泉酒。当月二十四日，嘉庆皇帝二次游湖，这天饮用六两太平春酒、九两玉泉酒。

清　罗聘
醉钟馗图轴

祭祀、日常与赏赐用酒

年节供奉与饮用酒

每到腊月三十，御茶膳房首领会向药房首领要制作开笔仪中饮用的屠苏酒。开笔仪之后，御茶膳房首领用金、银柿子壶盛装屠苏酒。金柿子壶交养心殿总管，将酒倒在金瓯永固杯内安放在养心殿西暖阁。银柿子壶交乾清宫首领，将酒倒在另一金瓯永固杯内安放在乾清宫西

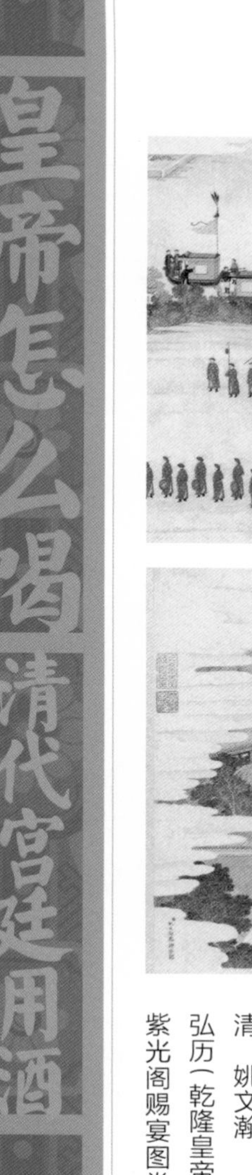

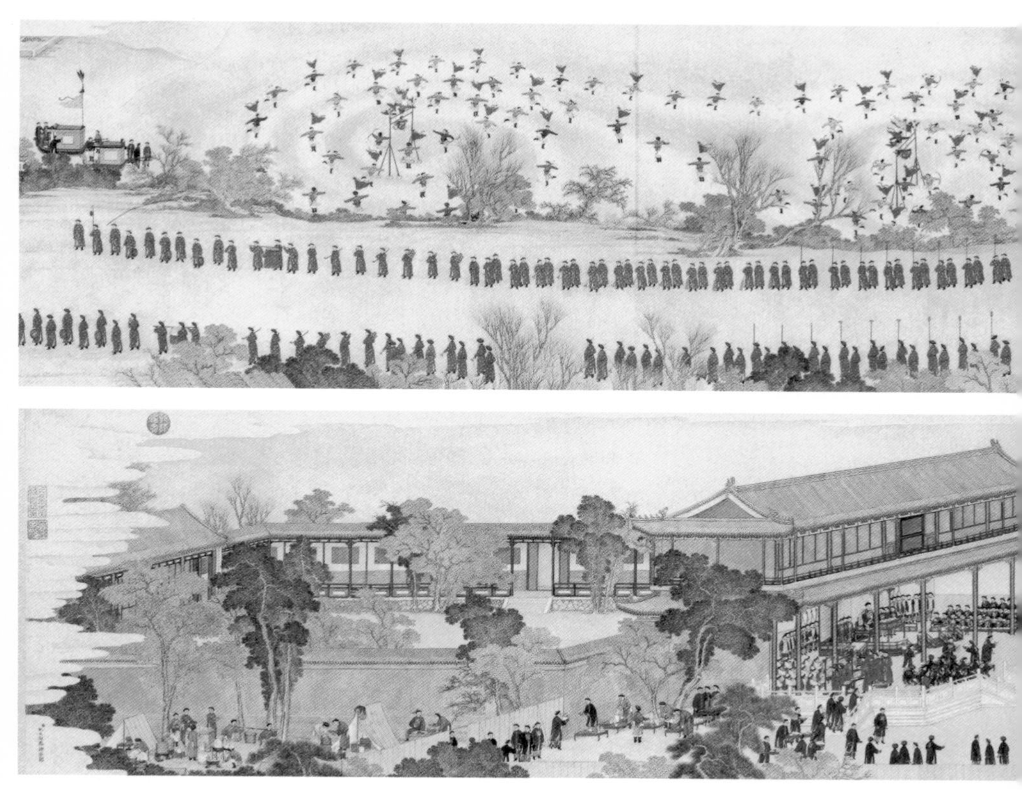

清　姚文瀚
弘历（乾隆皇帝）
紫光阁赐宴图卷

暖阁。正月初一日午时，将此二处屠苏酒取回，再倒在镶嵌珠宝的名为「天圆地方」的金素（一种盛酒器。素通「嗉」，指盛酒的小壶）内，以备宴席饮用。屠苏酒向有「屠绝鬼气、苏醒人魂」之谓。新年伊始，帝王总是处处寻吉利，因此皆要饮用屠苏酒，以求除瘟避疫。同时，皇帝也以此酒赐赏近臣、后妃等人。

屠苏酒的制作方法

将大黄、桔梗、白术、肉桂各一两八钱，乌头六钱，菝葜一两二钱等研和成细末，用缝囊装好，悬在药房井内，离水三尺。正月初一子时取出，用木瓜酒一斤、冰糖面五钱一同煎熬，即成。

清 姚文瀚 弘历（乾隆皇帝）紫光阁赐宴图卷（局部）

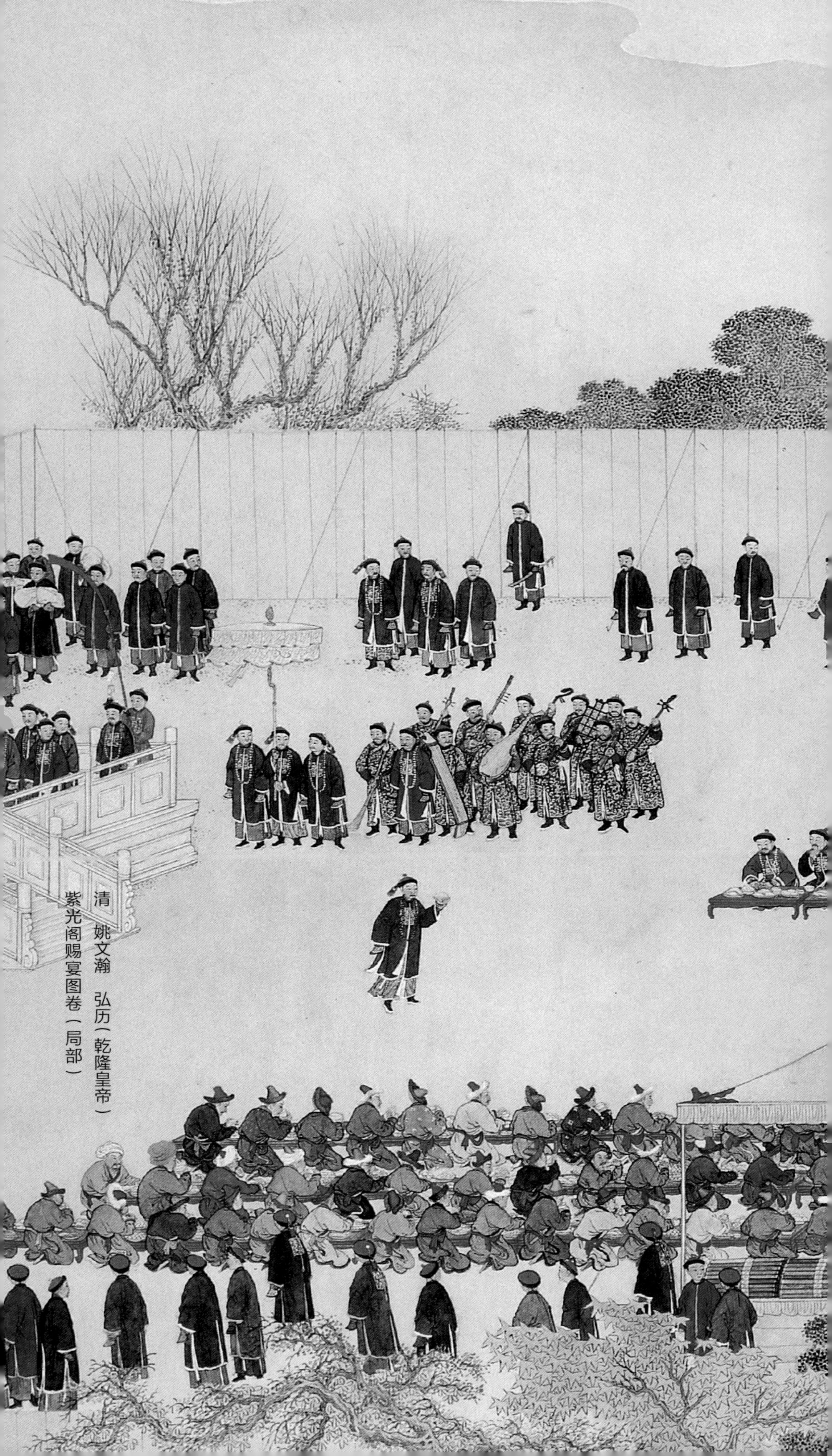

清　姚文瀚　弘历（乾隆皇帝）
紫光阁赐宴图卷（局部）

清 姚文瀚 弘历（乾隆皇帝）
紫光阁赐宴图卷（局部）

菖蒲酒

服食法：甲子日，取菖蒲一寸九节者，阴干百日，为末。每酒服方寸匕（注：方寸匕，古代量取药末的器具，其状如刀匕。一方寸匕大小为古代一寸正方）。久服耳目聪明，益智不忘。《千金方》

除一切恶：端午日，切菖蒲渍酒饮之。或加雄黄少许。《洞天保生录》

——《本草纲目》草部第十九卷「草之八・菖蒲」

清 金錾「同心欢乐万年」戒酒扳指

皇帝祭坛祈谷、祭天祭地、祫祭太庙等，均要连续斋戒三日。在这三天之内，除了不食葱、韭、蒜之外，也不饮酒。但祭祀典礼之上要供十五斤酒。每年正月祭祀谷坛，二月祭社稷坛，五月夏至日祭地于方泽坛，十一月冬至日祭天于圜丘，孟冬和岁暮祫祭太庙，五月端阳、九月重阳、清明节等，均要有所祭祀。祭祀典礼之后，将祭祀所用的玉泉酒作为「福酒」，先进呈皇太后，再分别赏赐后妃、诸王、阿哥、

清　锡酒壶

清　竹根刻诗扇面式酒杯

清　库使额尔得尼款银酒提及其款识

五代 顾闳中
韩熙载夜宴图卷

公主和军机大臣等人。

端午节饮雄黄酒的习俗大约形成于春秋战国之际。人们为了辟邪、除恶、解毒，有饮菖蒲酒、雄黄酒的习俗。每年五月初五，皇帝、后妃、大臣等将雄黄加入酒内饮用，辟邪、除恶、解毒。

日常调味用酒

清宫内各处膳房烹制膳品，以玉泉酒作料酒调味。以慈禧太后的寿膳房为例，每日用玉泉酒一斤四两，每月则要用三十七斤八两。光绪八年（一八八二年）四月二十五日膳房来文称，为慈禧太后早、晚膳添火腿，每日用玉泉酒一斤，共用了玉泉酒一百一十八斤。加上皇帝、后妃等各处膳房用酒，其用量就更为可观了。

五代　顾闳中　韩熙载夜宴图卷（局部）

清宫一年要用多少酒？

以光绪十年为例，慈禧太后、光绪皇帝及内廷主位膳房用酒、御前太监添盒饭用酒、奉先殿等处供酒、合药用酒等项，共销用玉泉酒计八千零八十斤二两。这仅仅是玉泉酒一项，此外，宫廷里也用过度数较低的黄酒、醇香的木瓜酒和祛风湿强筋骨的五加皮酒等。如此算来，清宫日常用酒的开销应相当巨大。

清康熙　斗彩花卉纹酒盅

清乾隆　白色地套蓝色玻璃团寿字酒盅及其款识

皇帝平日饮酒后还会将酒赏赐下人，多则几十斤，少则一素、两素。嘉庆九年（一八〇四年）除夕，皇帝进酒、膳之后，赏给总管太监首领玉泉酒六素。光绪八年（一八八二年）五月初六日御膳房来文中提到，为御前太监等添盒饭十五盒，每盒每日用玉泉酒八两。

清嘉庆　斗彩花卉纹酒杯及其款识

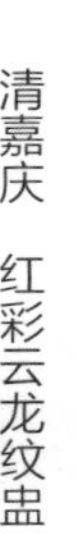

清嘉庆　红彩云龙纹盅

清道光　退思堂款墨彩诗文酒杯及其款识

在康熙、乾隆年间举行规模盛大的「千叟宴」时，皇帝除分赐王公大臣等茶饮之外，还有「亲赐卮酒」的礼仪：

在中和清乐声中御宴毕，即在丹墀两边摆放花梨木桌两张。每桌安放银折盂一件，金勺、银勺各一把，玉酒盅二十件。内管领和御前侍卫斟酒之后，将酒放在皇帝面前的膳桌上。接着，皇帝召一品大臣和年届九十以上者至御座前跪，亲赐卮酒。同时，命皇子、皇孙、皇曾孙为殿内王公大臣进酒，并分赐食品。

清光绪　银镀金带盖壶

壶底款识旁刻有「恒利银号造京平足纹重二十七两九钱镀金二两四钱」字样。

皇帝亲赐御酒饮后，宣布「酒钟俱赏」，如同整个筵宴活动的「催化剂」，将宴会推向高潮。丹墀下群臣众叟虽没有得到皇帝赏的酒，但群臣耆老各于座次再行一叩礼，以谢赐酒之恩。赐酒之后，众叟开始进肉丝烫饭。中和韶乐声止，皇帝要退席还宫。赞礼官高呼「谢宴」，群臣、众叟出位再行一跪三叩礼，以谢赏赐酒馔之恩。

此外，还有每年岁除之日，在保和殿用酒宴赏外藩蒙古王公、内外文武大臣和御前侍卫

清 钱维城 麻姑进酒图扇面

等的「除夕宴」；为了鼓励和表彰儒臣和翰林等官员，每当钦命编修实录、圣训之期，在礼部宴赏总裁以下各官的「修书宴」；大军凯旋归来，赏赐钦命大将军及从征的大臣、将士的「凯旋宴」；以及宗室筵宴、上元节宴，皇帝万寿、皇太后圣寿、皇后千秋、皇子大婚、公主下嫁等等，都要举行酒宴。各种宫廷酒宴（皇帝同后妃共同进膳的节日家宴除外）均为嘉礼，要写进《大清会典》，编入《大清通礼》，遂成定制相沿遵行，酒宴之上的用酒，也要照章执行。

壬午午日畫醉鍾馗圖奉

第二章

清宫药酒

药酒是一种传统的中药剂型。它以酒为基质，浸入单味或多味中药，利用酒精特有的溶解作用，把药物中的有效成分析出。而且，借助酒的「辛散温通之性」，使药力迅速到达全身，从而达到治疗疾病和保健的目的。清宫大内更是经常要用到药酒。

疗疾良方

　　汤、丸、散、膏、丹等是中医惯用的医药剂型，除此之外，根据病情需要，还可以配制药酒为病患疗疾。从嘉庆九年（一八〇四年）十二月至十三年十二月，嘉庆皇帝就服用清热除湿的药酒达四年之久。

　　慈禧太后也有服用药酒的事例。光绪三十二年

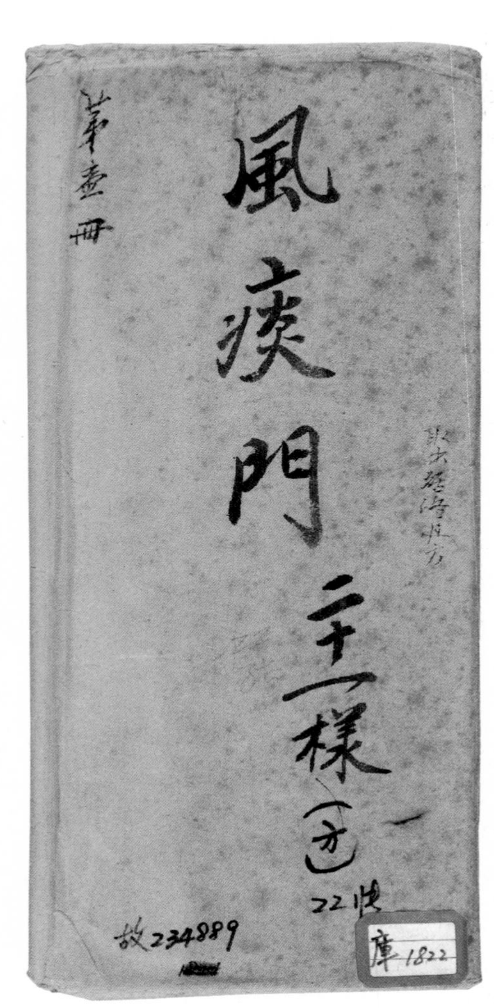

清「风痰门」药方
药方中标明有「虎骨药酒」。

元　黑釉加彩题酒字玉壶春瓶

（一九〇六年）九月，经御医张仲元等诊视发现，慈禧太后脉息「左部沉弦而细，右寸关沉滑，肾元素弱，脾不化水，郁遏阳气」，以致出现「眩晕、阳虚恶风、谷实消化不快、步履无力、耳鸣」等症状。针对这种情况，御医们在汤剂外，辅以药酒，清心、柔肝、补脾，希冀有助于慈禧太后病情的好转。光绪三十四年六月初二日，御医针对慈禧太后肢体痿弱无力的情况，开出具有活络通经之功效的夜合枝酒方。

明　青玉竹节杯

御医的夜合枝酒方

用夜合枝、柏枝、槐枝、桑枝、石榴枝各五两，糯米、黑豆各五升，细曲七斤半（以及其他药物），先用水煎树枝，然后取出二斗五升药液，把糯米、蒸熟的黑豆、细曲、其他药物依次加入其中，如通常酿酒法，封存二十一天，压汁。每天饮用五合。

药酒既可内服，亦能熬熏。乾隆四十五年（一七八〇年）皇十女和孝公主出痘，痘疹透发不畅。医官陈世官等用升麻一两、芫荽（通称香菜）八钱、黄酒三斤，为公主配制具有「升阳透疹」功用的芫荽酒熬熏治疗。

明　白釉黑花带诗文小口坛

坛身诗句为：「堪笑古希人，杯中物频斟。知音有谁是，徒劳去润津。」

明　竹雕蟠松纹杯

明 雪居款嵌银福寿纹六方委角镂空螭海杯

明　牙雕玉兰花式杯

清　黄酒坛

滋补佳酿

药酒曾出现在皇太后万寿圣节筵宴上，并被冠以具吉祥寓意的名字。据《万寿盛典初集》载，康熙三十九年（一七〇〇年）十月初三，仁宪皇太后六旬万寿筵宴上的长生药酒名为「万寿霞觞」。清宫膳单档案显示，乾隆六年（一七四一年）十一月二十五日，崇庆皇太后五十大寿时，三种木瓜酒分别美其名曰「瑶池玉醴」「万寿霞觞」「紫府云浆」。

那些清宫配制的补益药酒

龟龄酒、松龄太平春酒、椿龄益寿酒、八仙长寿酒、五加皮药酒、状元露、黄连露、青梅露、红毛露、参苓露。

清康熙
斗彩夔龙花纹酒盅

龟龄酒是将中药龟龄集改制成酒剂，最初是明代道士邵元节发明的一种长寿酒，至清代配方、制作方法均有所增益。全方由三十多味名贵药物组成。该酒以补肾壮阳为主，滋脾和胃、养血通络为辅。诸药相合，共臻温肾壮阳、养血益精之功效，是治疗肾阳虚衰、气血不足等症之保健佳醪。

清雍正
祭红釉酒盅及其款识

龟龄酒的配制方法

把鹿茸、生地、补骨脂、人参、急性子、细辛、砂仁、杜仲、丁香、蚕蛾、肉苁蓉等药共研成粗末，用锡纸包裹后，放入黄绢袋里，然后扎上口。坛中先盛放三十斤烧酒、二十斤江米窝儿白酒，再把黄绢袋放入。坛口用细布封上后，再用黄土、盐水和成泥封口。晒三个伏天，东西南北周转晒之。若要急用，用桑木煮三炷香取出，入土内埋七日。若土旺用事（指历书上标明忌讳动土的日子），下入井内浸三日取用。

雍正皇帝对龟龄集和龟龄酒情有独钟。为皇子时，潜龙邸雍和宫就配制过龟龄集和龟龄酒。当时，龟龄集用的配方有两种，一种含人参另一种不含。雍正八年（一七三〇年）六月，雍正皇帝降旨：「雍和宫原有龟龄酒，不知有无。若有，着取来，钦此。」第二天，雍和宫的龟龄酒便送进大内。经御医验看，只有十斤龟龄酒还能使用，其余已无法再用。雍正皇帝获悉后指示「好生收着」。接着，他又想起雍和宫有一整套配制龟龄

清道光　赌酒公杯款粉彩博古纹酒杯

杯内壁题「东君已费一分春　范成大句」，诗句出自范成大《正月六日风雪大作》。

酒的用具，便让御药房拿来使用，并叮嘱「蒸龟龄酒的医生等在杏花村井边蒸好」。从这一系列举措，可见雍正皇帝对配制龟龄酒的熟悉程度。

据档案记载，除龟龄酒之外，雍正皇帝晚年宫廷还大量配制具有健脾益气、养血活络功效的松龄太平春酒。乾隆十五年（一七五〇年）四月初七日，乾隆皇帝传旨向御医刘裕铎询问太平春酒配方、药性。刘裕铎认看后，认为「太平春酒药性纯良，系滋补心肾之方」。嗣后，乾隆皇帝

清道光　矾红彩绳纹杏花村酒坛

根据自身的体验，授意对配方中数味药进行了加减，且在圆明园的双鹤斋熬煮。乾隆十八年八月，乾隆皇帝对配方再次作出调整，去掉了其中的佛手（乾隆皇帝认为佛手使得太平春酒口味发苦）。乾隆四十五年（一七八〇年）御医再次对方子作调整后，宫廷继续配制松龄太平春酒。

松龄太平春酒的制作方法

将熟地四两、当归一两、桂圆肉八钱、松仁一斤、茯神一两、红花四钱、枸杞四钱等，加玉泉酒二十斤、白酒二十斤、干烧酒四十斤共同煮制。

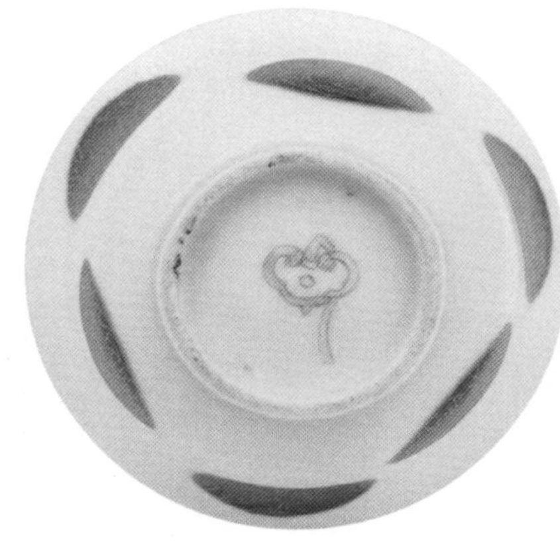

清同治　白地描金皮球花纹酒杯

清光绪　斗彩兰石纹酒盅及其款识

清　痕都斯坦白玉单耳叶式杯

清　碧玉葫芦万代莲座高把杯（一对）

清　青玉瓜棱执壶

进贡琼浆

清宫御用药品主要是由御药房配制，此外还有同仁堂供奉、臣工进献等其他途径。

故宫博物院药材药具库收藏的药品仿单、药方、目录配本等同仁堂相关文物表明，如意长生酒、史国公药酒、五加皮酒、虎骨药酒、参茸酒等药酒都曾进入清宫。

如意長生酒

凡人虛損勞傷疼痛各症總由氣虧血滯而運行氣血止痛舒筋健骨此酒合法最為靈效此酒大能充肌膚堅髮齒長鬚眉通骨節益血脈壯精神活筋絡補元氣專治男婦老人筋骨疼痛手足麻木跌打損傷內傷年久或交節作痛或陰天作痛或風痛寒痛濕痛心痛胃痛腰痛腿痛陽虛頭痛肚腹冷痛受寒轉筋癱瘓腳氣鶴膝風漏肩風真火不足飲食不化脾胃不調十膈五噎氣滯積聚痰痢痔漏氣血兩虧五勞七傷左癱右瘓半身不遂三十六種風七十二般氣女子血虛崩中內傷不足赤白帶下腰腿酸痛小兒骨弱癱瘓一切病症服之立見奇效久服氣血充足筋骨強健烏鬚黑髮健體輕身得心如意益壽延年功效難以盡述較他藥見效尤速神妙異常惟孕婦忌服傷寒瘟疹亦忌服

京都同仁堂樂家老舖設於北京正陽門外大柵欄內街南有招牌便是

此酒不宜放煖處

清　如意长生酒仿单

档案记载的清宫从同仁堂传取药酒的情况

光绪十三年九月十四日，总管连英奉旨由同仁堂传来如意长生药酒。应用：陈存捐性加减史国公药酒四十斤，陈存捐性加减五加皮酒六十斤，鲜木瓜丝泡酒十斤，木瓜酒一百斤。以上共合一处，蒸淋入缸内，数年捐妥用之。

參茸藥酒

凡人皆欲致身榮顯享壽久長而不思衛生固本之方則雖身處富貴而精神委靡氣血衰虧不能安享其榮又何能克保其久蓋人之風燥寒濕諸症由於血不足痿痺虛弱諸症由於氣不足欲宣通血脈培補元氣則非參茸不爲功今謹製參茸酒專治男婦皆有奇效治男婦左癱右瘓半身不遂口眼歪斜手足頑麻下部寒軟筋骨疼痛一切三十六種風七十二般氣并寒濕諸痛及虛損勞傷真火不足飲食不化肚腹不調十膈五噎氣滯積塊瀉痢痞滿肚腹冷痛男子陽衰女人血虛赤白帶下久無子嗣一切男婦虛損雜症久服則氣血充足百病不生益壽延年老當益壯凡服參茸酒者自無不身榮久也其功效豈淺鮮哉

京都同仁堂樂家老舖設於北京正陽門外大柵欄內街南有招牌便是

清　参茸药酒仿单

皇帝垂青的药酒，则谕令臣工进献。羊羔酒是宁夏特产，具有大补元气、健脾胃、益腰肾的功效。羊羔酒一度作为贡品进入清宫，身为皇子的胤禛也服用过，并且非常喜欢。不知何故，康熙四十年（一七〇一年）左右「停其不进」了。雍正皇帝继位后，于雍正元年八月十三日在抚远大将军年羹尧的奏折上朱笔密谕，让其进羊羔酒：「朕甚爱饮他，寻些送来。不必多进，不足用时再发旨意，不要过百瓶。」

故宫博物院收藏的如意长生药酒仿单

此酒大能充肌肤、坚发齿、长须眉、通骨节、益血脉、壮精神、活筋络、补元气。……专治男妇老人筋骨疼痛，手足麻木，跌打损伤，内伤年久，或交节作痛，或阴天作痛，或风痛……受寒转筋，寒湿脚气……十膈五噎，气滞积块，泻痢痞满，气血两亏，五劳七伤，左瘫右痪，半身不遂。三十六种风，七十二般气。女子血虚，崩中内伤不足，赤白带下，腰腿酸痛。小儿背强，痈肿。……一切病症服之，立见奇效。久服气血充足、筋骨强健、乌须、黑发、健体轻身。得心如意，益寿延年。功效难以尽述，较他药见效尤速，神妙异常。

据清人记载，帝后和臣工之间曾以药酒联谊。乾隆年间，刑部尚书张照进呈制松苓酒方。无独有偶，光绪皇帝身体虚弱，侍郎张荫桓闻悉后进献人参酒。此酒「饮之甚适。其色如琥珀，香似麝兰也」。

清 金錾花云龙纹执壶

臣工进献药酒或者制酒方以表拳拳之心，帝后赏赐宫廷药酒以通上下之情。雍正六年（一七二八年）夏秋之交，陕西安西总兵潘之善眼疾复发，雍正皇帝派御医前往治疗，并赐给寻骨风药酒。蒙皇上恩赐寻骨风药酒的不止潘之善一人，雍正七年正月，山西提督袁立相也获此殊荣。晚清时，慈禧太后在瀛台种植数万柄荷花，她令太监采撷花蕊，然后加入药料，酿制莲花白酒，「其味清醇，玉液琼浆不能过也」。莲花白酒盛装在瓷器里，上盖黄云缎袱，以赏亲近之臣。

张照进呈的制松苓酒方

于山中觅古松，伐其根，将酒瓮埋其下，使松之精液吸入酒中。逾年掘之，色如琥珀，名曰松苓酒。

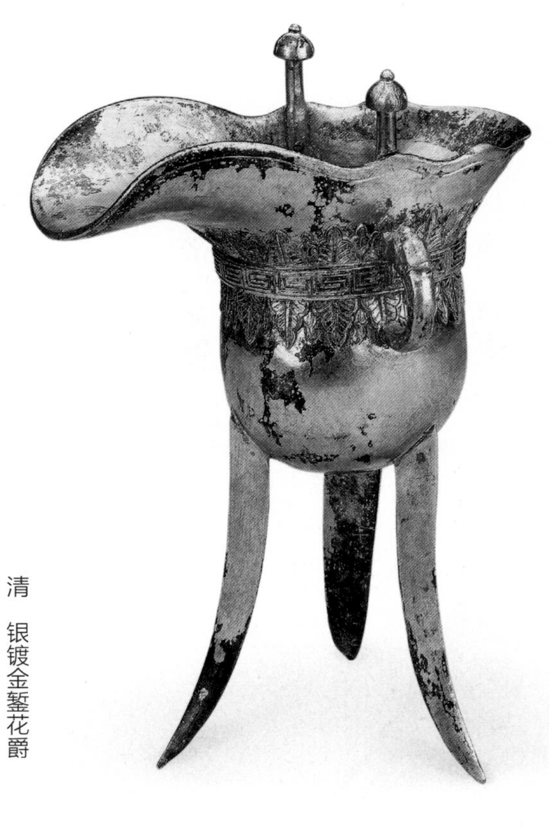

清 银镀金錾花爵

清　银錾花梅花式杯

最后，不能遗漏西洋药酒。说起西洋药酒，必然要提到胭脂红酒。康熙四十七年（一七〇八年）十一月，以皇十八子允祄的薨逝和废黜太子允礽这两件「意外之变」为直接诱因，致使康熙皇帝日增郁结，心神耗损，并引发了严重的心悸症。康熙皇帝甚为刚强，身体稍有不适本不在意，不令医诊视、不差人进药饵。在皇三子允祉等痛哭恳求下，康熙皇帝才接受治疗。康熙皇帝服用了什么方药，现在已不能悉数罗列，但可以肯定的是，西洋人配制的胭脂红酒起了举足轻重的作用。

西洋人来往信函中提到康熙皇帝服用胭脂红酒

皇帝病情日沉，健康日衰。中国大夫束手无策，于是只得向欧洲人求助。他们听说罗德先（Bernard Bodes）……精通药理，便认为他或许能缓解皇帝病情。……他配制了胭脂红酒让皇帝服用，首先止住了最令他心神不安的严重的心悸病，随之又建议他服用产自加那利群岛（Canary Islands）的葡萄酒。

在西洋人的建议下，康熙皇帝开始服用葡萄酒，并渐渐养成嗜好，把它当补酒来喝。康熙四十八、四十九年间，康熙皇帝不断指示居住各地的西洋人贡献葡萄酒，掀起进献葡萄酒的小高潮。如康熙四十八年二月二十六日，殷弘绪（Pere Francois Xavier Dentrecolles）进西洋葡萄酒六十六瓶；同年三月二十日，利国安（Jean Laureati）进葡萄酒两箱；康熙四十九年二月十八日，何大经（Francois

清　牙雕桃式杯

Pinto）进葡萄酒十五瓶。直到康熙五十一年（一七一二年），在众多的西洋物品中，康熙皇帝仍对葡萄酒格外垂青。

康熙皇帝「代言」葡萄酒

前者朕体违和，伊等跪奏：西洋上品葡萄酒乃大补之物，高年饮此，如婴童服人乳之力。谆谆泣陈，求朕进此，必然有益。朕鉴其诚，即准所奏。每日进葡萄酒几次，甚觉有益，饮膳亦加。今每日竟进数次。

——康熙四十八年正月二十五日上谕

清康熙　青花瓷加彩太白醉酒像

对西洋医学持接纳态度的康熙皇帝还掌握了一种用西洋药饼配制药酒的方法。具体做法是将西洋药饼在酒里泡一天一夜后取出。这种药酒「最能化痰」，「最能祛风湿、疏经络」，但不可多服，每日只可二钱，多了则上吐下泻。药酒的神奇功效通过太医院院判黄运之口传到宫外。康熙五十五年（一七一六年）夏，直隶总督赵弘燮长跪祈雨，加之遭冷雨淋湿，致使左腿疼痛，虽用人扶掖亦步履艰难。听说康熙皇帝有御制药酒，恳求皇上恩赐。康熙皇帝考虑再三，担心药酒途

清　银云龙纹暖酒壶及其款识、局部

底刻「表天宝」款识。

中酸败变质，所以特赐西洋药饼，并指示泡酒方法、饮酒数量等。赵弘燮初服之日，即觉热气上至左膀，下至左腿。七日后，左腿热气渐渐过膝，「药气所到痛即少减，举步较前亦觉稍易。服药以来，一日有一日之效，圣药神效一至于此」。赵弘燮自认

肉桂葡萄药酒与桃仁葡萄药酒的配制方法

肉桂葡萄药酒的配制方法是：用干烧酒十斤，肉桂二两，泡七八日后，再加白糖五斤、水七斤，熬煮。

桃仁葡萄药酒的配制方法是：用与配制肉桂葡萄药酒同等数量的干烧酒、白糖、水等浸泡、熬煮，与肉桂葡萄药酒的区别在于以桃仁替代肉桂，而且熬好后要过一下箩。

清　白料蚕丝纹高足杯

罗斯马里诺露的配制方法与功效

用干葡萄酒五斤，罗斯马里诺花一斤，泡五六日，再蒸一次，净得露三斤。治浮肿，擦患处有益，即发散。

为继续服用，不久即可复原。但康熙皇帝不以为然：「病经日久，用补药太多，此酒未必能除根。」

雍正时期清宫中也曾出现西洋药酒的踪影。雍正十一年（一七三三年）七月初六日，在宫中供职的西洋医生罗怀中（Jean-Joseph da Coast）呈给雍正皇帝三张西洋药酒配方。一张是「罗斯马里诺露」（罗斯马里诺，Rosmarino，即迷迭香），另外两张是「肉桂葡萄药酒」和「桃仁葡萄药酒」配方。二者配制方法大同小异，均有很好的补益作用。

第三章

酒席间的游戏

酒桌宴席是中国人重要的展现精神世界的舞台。悲欢离合、喜怒哀乐，都能在一席觥筹交错之间畅饮无尽。经过上千年的文化积淀与发展，异彩纷呈的中国酒文化诞生了，相伴而生的则是那些悠远而活泼的酒席间的游戏。

投壶助酒

投壶源于古代的射礼。以酒壶为靶，棘矢代箭，游戏者手持箭矢掷向靶壶。这样，射礼的「变异」——更加简便、更能助兴的酒席间游戏「投壶」就诞生了。

投壶所用的壶，形制并无特别之处，皆广口、细颈、大腹，唯内放小豆，可使壶内富弹性，以增加游戏难度。

王公贵胄爱投壶

《左传·昭公十二年》记载，晋昭公即位之时，大宴四方，当时的齐国国君齐景公也列于其中。席间宾主皆兴致盎然，于是玩「投壶」游戏以助酒兴。晋昭公首先投掷，中行穆子祝词曰：「有酒如淮，有肉如坻，寡君中此，为诸侯师。」投而中之。轮到齐景公投时，齐景公自己举矢祝曰：「有酒如渑，有肉如陵，寡人中此，为君代兴。」投亦中之。

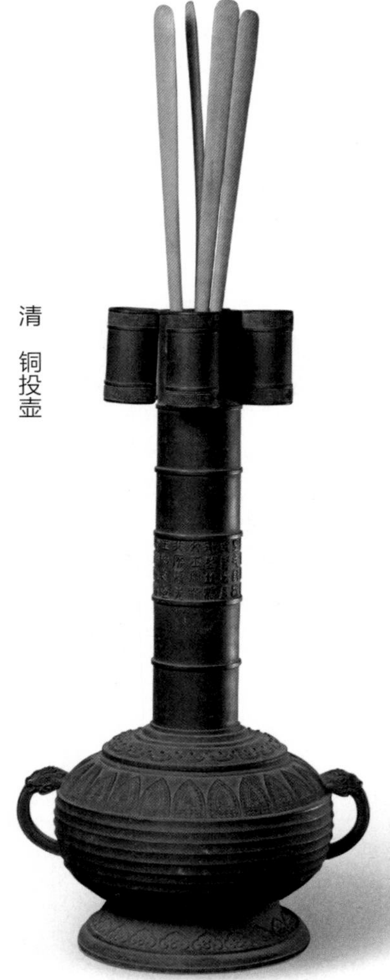

清　铜投壶

唐　青釉刻花梅花式撇足小碗
此杯应是仿照金银酒具而制，并带有浓厚的异域风格。

唐　越窑海棠式杯

所用箭矢以棘木制成，长短不定。投壶前，先指定「司射」（即游戏裁判），以投中多少来决定胜负。投壶放在适当位置，一般距离投者「二矢半」（依据所投棘矢长短不同稍有变化）。投掷完毕，由司射宣布结果，由胜方让输的一方喝酒并令奏乐。

投壶游戏既可助酒兴、彰显主宾盛情，又能制造欢乐的气氛，推动宴会进程，因此备受当时饮宴者的青睐。

唐　白釉小杯

唐　白釉葵瓣口杯

唐　鎏金刻人马狩猎纹杯

曲水流觞

明 文徵明 兰亭修禊图卷

永和九年三月初三，东晋著名书法家王羲之等一众风流雅士咸集会稽（今浙江绍兴）兰亭，曲水流觞，写出脍炙人口的《兰亭序》，其一觞一咏，为后世展现一幅魏晋无限风雅的绘卷。

曲水流觞也是文人饮酒时的游戏活动。参与者坐于弯曲的流水旁，以木胎髹漆做成的酒杯（称耳杯或羽觞杯）盛酒，放于流水之中。酒杯顺流而下，漂到谁面前谁就必须取杯饮酒并赋诗一首。纵情山水、风情雅致，这种娱乐方式逐渐成为文人雅士的专属，且被后世追捧。其中最有名的追

随者就是清高宗乾隆皇帝。他在为自己归政之后所建的宁寿宫花园内，特意营造了一处景观——禊赏亭，亭内地面凿石为渠，曲折盘旋，取「曲水流觞」之意，称流杯渠。渠中之水来自亭南假山后隐蔽的水井，有水法汲水入缸，注入水渠，水流往复不息。亭子内外装修皆饰以竹，象征「茂林修竹」，俨然效法永和九年的那场兰亭雅集。

文人雅士酒席间的雅玩，亦深得清代以至雅自居的皇帝的喜爱。

清人绘　胤禛十二月景行乐图轴之「曲水流觞」

西汉　描彩漆鸟纹耳杯

宁寿宫花园禊赏亭内的流杯渠

西晋　青釉双系兽面纹扁壶

从双系推测，此壶应为骑马外出携带饮酒的用具。小壶口使酒不易溢洒，倒酒或直接饮用都比较方便。

南北朝　青釉羽觞杯

东晋　青釉鸡头壶

酒德頌

有大人先生以天地為一朝以萬期為
須臾日月為扃牖八荒為庭除行
無轍迹居無室廬幕天席地縱
所如止則操卮執觚動則挈榼

抽筹饮酒与文字酒令

筹令属特殊的酒令，最早始于唐代。唐代诗人白居易《同李十一醉忆元九》云：「花时同醉破春愁，醉折花枝当酒筹。」花枝被用作计算饮酒数量的酒筹。后来有了专门的酒筹，它置于筒中，酒席宴上从筹筒中抽看酒筹，然后根据筹令上的要求饮酒。因其不费脑

隋 青釉席纹壶

唐　邢窑把壶

行花名筹令

晴雯拿了一个竹雕的签筒来，摇了一摇，放在当中。又取骰子来，盛在盒内，摇了一摇，揭开一看，里面是六点，数至宝钗。宝钗便笑道：「我先抓，不知抓出个什么来。」说着掣出一签。大家一看，只见签上画着一只牡丹，题「艳冠群芳」四字。下面又有镌的小字，一句唐诗，道是：「任是无情也动人。」又注着：「在席共贺一杯。此为群芳之冠，随便命人，不拘诗词雅谑，或新曲一支为贺。」

——《红楼梦》第六十三回「寿怡红群芳开夜宴　死金丹独艳理亲丧」

宋　白釉花口高足杯

筋又颇有趣味，所以在明清时期广为流行。

酒令筹一般呈长条状，细柄，上面刻有文字，文字分上下两部分：上半部分是辞句，下半部是规定饮酒的数量。每次抽筹，不仅仅是抽筹人要饮酒，在座的宾主都可能要依令饮酒。抽筹人还有一定特权：可以选择对饮之人——可向任意一位宾主劝酒，这样就能让筵席上人人参与其中，气氛活跃。

辽　白釉刻花皮囊壶

文字酒令是酒令中最为高雅的一种，它不用其他的行令工具，仅以口头吟诗作对、唱曲猜谜等方式行令，大多是文字游戏，也是斗机智、逞才华、测试反应敏捷程度的智力比赛，虽有雅趣，却是普通百姓做不来的。

其主要方式是：首先推

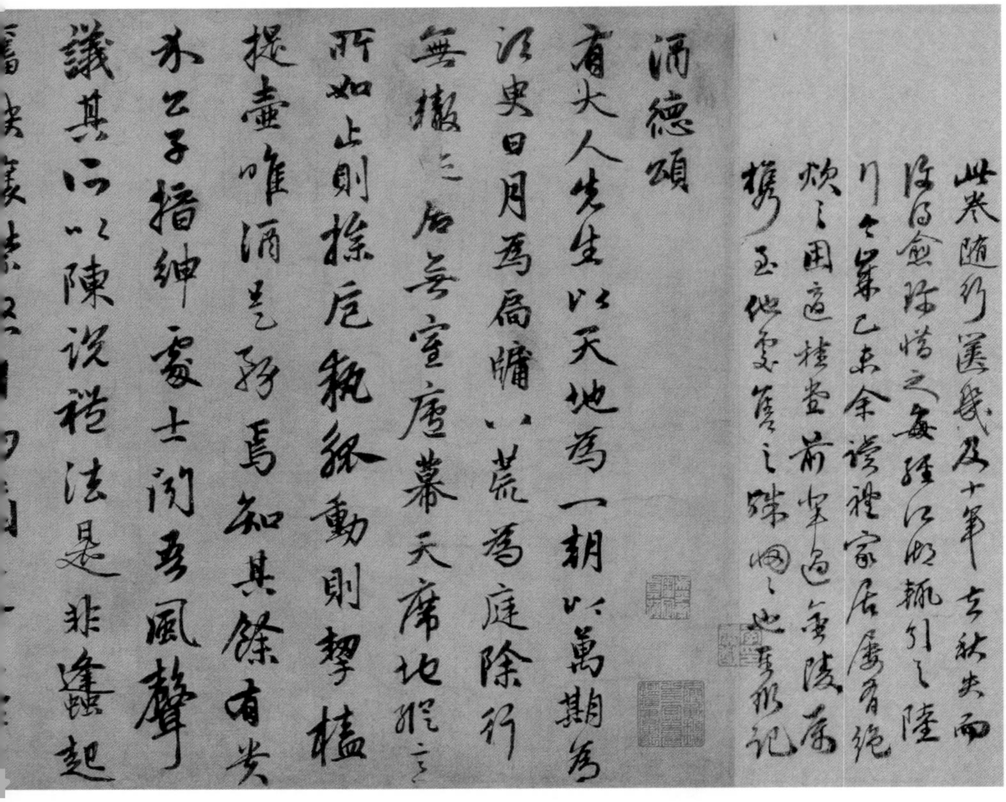

元　赵孟頫　行书酒德颂卷

《酒德颂》是魏晋诗人、「饮坛北斗」刘伶所创作的一篇骈文，也是他存世唯一一篇文章。刘伶放荡不羁，以酒量、酒德、酒疯闻世，《酒德颂》以颂酒为名，其实却是作者自己超脱世俗与礼法的个性表达。元人书家赵孟頫非常欣赏此文并亲笔录写，赵氏个人境遇的苦闷使其借《酒德颂》以抒胸臆，如同醉酒的刘伶，赵孟頫亦沉浸在《酒德颂》中，向往着刘伶的不羁与洒脱。

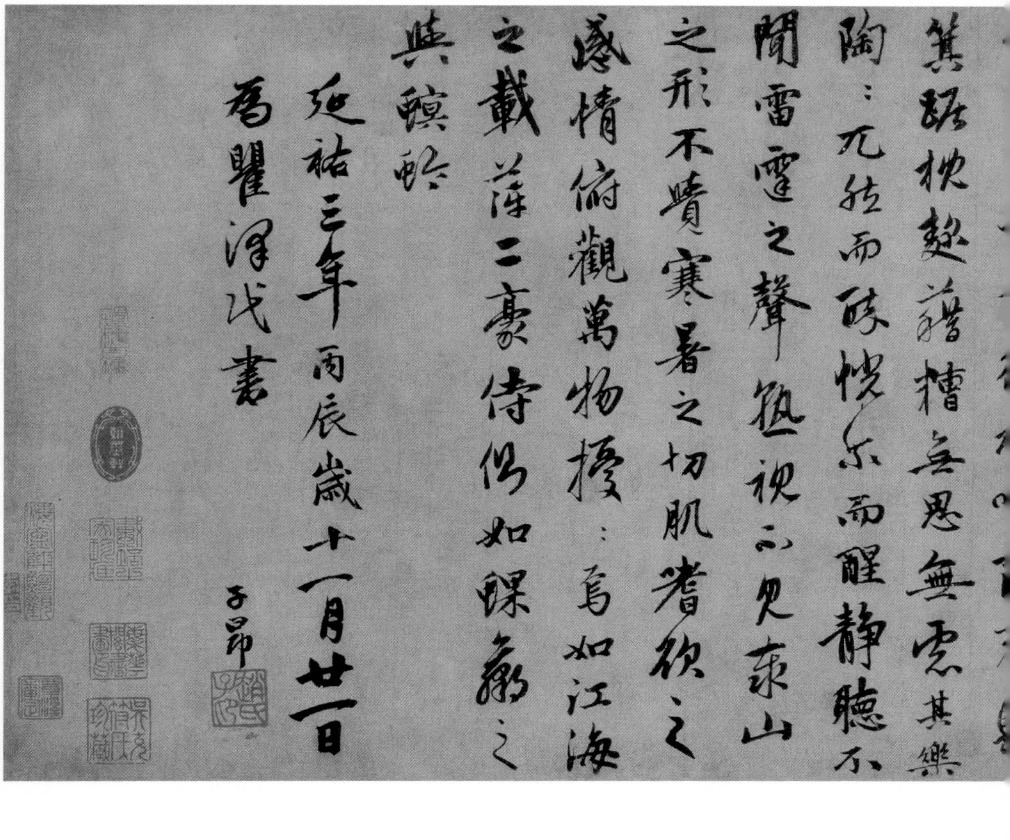

一人做令官，出诗句或对子，其他人按首令的意思续令，所续内容和形式必须与所出之令相符，不然则被罚饮酒。《红楼梦》第四十回描写鸳鸯作令官，众人喝酒行令的情景，描写的就是清代上层社会喝酒行文字令的情景。期间妙语连珠，文化氛围浓厚，没有一定的文学素养，席间

宋　影青蟠螭提梁倒流壶

此壶上无注酒的盖口，使用时需先将壶倒置，由壶底的圆口注入酒水，再反转过来往杯中注酒，因而得名「倒流壶」。

还真就只能闷头认罚了。

文字酒令也和其他酒令一样，目的主要是活跃饮酒气氛，所以古今新颖奇巧的文字令层出不穷，争奇斗艳，把经史百家、诗文词曲、典故、对联以及即景抒怀等文化内容都囊括到酒令里去，深得文人、才子的喜爱。

文字酒令的续令方式

作诗：每人各作一首或者每人联一句，凑成一首诗。

对句：对上下联，或者限定题目，每人作一副对联。

续句：出令者限定一种行令题目，由每人随口编造词句，即兴组织语言，联续成文。

引用：随口引用四书五经、唐诗、宋词、元曲中的一些句段，形成酒令。

析字：通过对字或诗文中选出一句的分析解释，引申出某种道理和内容，构成行令语言。

拆字和合字：通过把一个字拆成几个字，或者把几个字合成一个字，构成酒令语言，其字面也有某种意思、内容，但无引申之意。

限字：出令者限定令语的开头、结尾或中间必须是或者必须有某个字。

字旁：利用汉字的偏旁部首，确立话题，编造语句，构成行令语言。

谐音：利用汉字的一字多音和多字同音及字音相近等特点，在酒令语言字面上表达一种意思，又隐含一种意思，使令语说来隐晦含蓄。

元　白地黑「内府」字梅瓶

梅瓶也叫「经瓶」，是盛酒的用具。「内府」二字则体现出此瓶是官府指定的盛酒用具。

元　龙泉划花执壶

闘士得成尊何
殊婁造存亞進
古曹蜀耕稼止
同府採飲章条
筆象葹且萬論

缤纷酒牌

酒牌，又叫叶子，起源于唐代的叶子戏，至明清时大盛，同是古人饮酒行令为酒席助兴的游戏。它和酒筹很像，只不过酒牌上除了酒令（标明该喝多少杯）之外，还绘有成套的版画人物、题铭等等。图案绘制精妙且寓意深刻，行令时抽取酒牌，然后按图解意，或赏

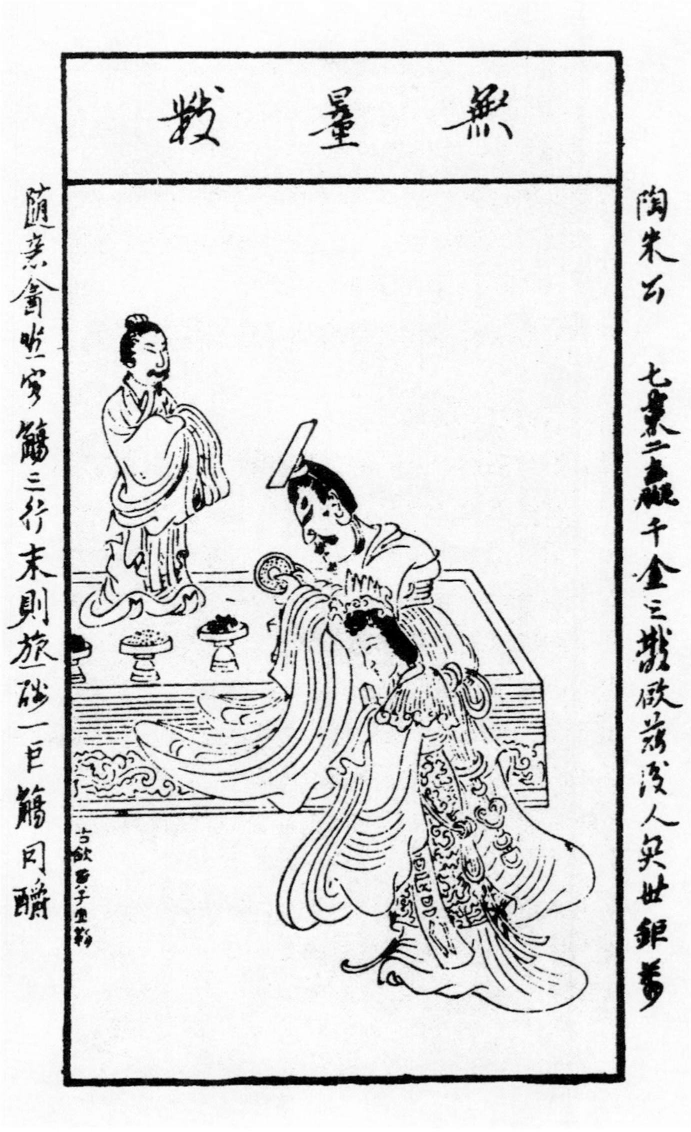

清　陈洪绶绘《博古叶子》之「陶朱公」
图片转引自（清）陈洪绶、任熊等编绘，栾保群解说，《酒牌》，山东画报出版社，二〇〇五年九月出版。

或罚，趣味还在饮酒之外。

酒牌来源于叶子，叶子本身是赌博用道具牌，有一定的数目，所以一套酒牌也是有一定数目的，这多少就为后世将各种人物形象及题名纳入其中埋下了伏笔。明中叶以来，很多文人参与酒牌的制作，传世最为有名的三套酒牌，号称

張良

高鳥盡良弓藏借箸而籌謀運方寸

方下箸者先酌畢座也快樂飲

清 任熊等绘《列仙酒牌》之「张良」

图片转引自（清）陈洪绶、任熊等编绘，栾保群解说，《酒牌》，山东画报出版社，二〇〇五年九月出版。

「钱、仙、鬼酒后三境界」——陈老莲（陈洪绶，号老莲）所绘《博古叶子》、任熊等所绘《列仙酒牌》、万历年间佚名绘《酣酣斋酒牌》，每套酒牌不仅是娱乐用具，也包含艺术收藏价值。

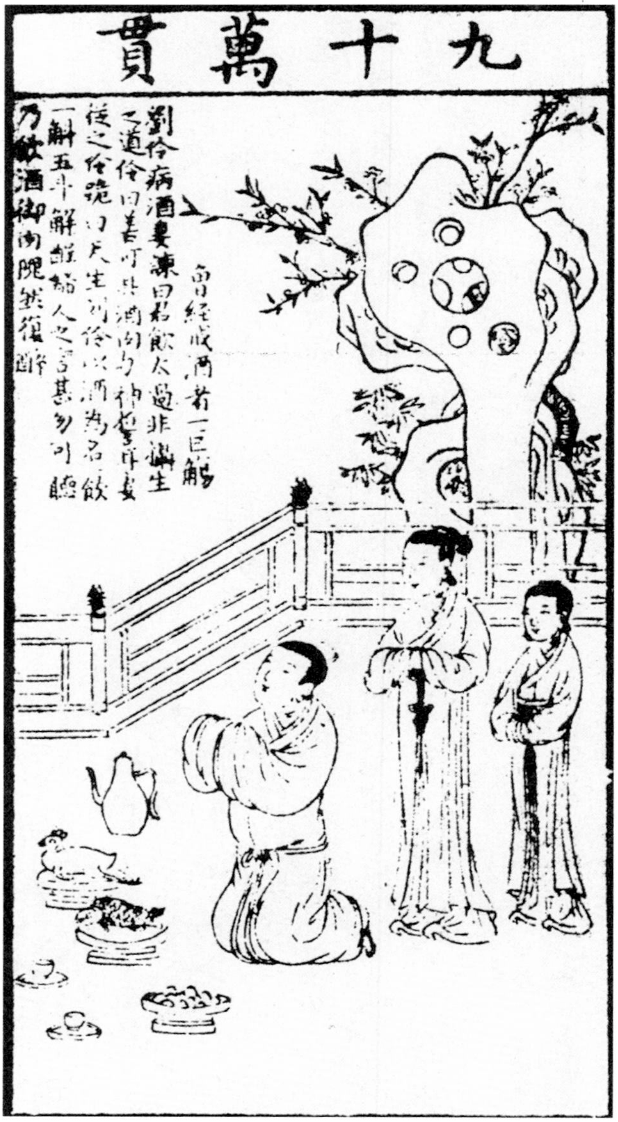

九十萬貫

曾經成酒者一巨觥

劉伶病酒妻諫曰君飲太過非攝生之道伶曰善可具酒肉為神誓斷妻從之伶跪曰天生劉伶以酒為名一飲一斛五斗解酲婦人之言甚勿可聽乃飲酒御肉隗然復醉

明人绘《酣酣斋酒牌》之「刘伶」

图片转引自（清）陈洪绶、任熊等编绘，栾保群解说，《酒牌》，山东画报出版社，二〇〇五年九月出版。

明永乐 青花玉壶春瓶

明　青玉八仙执壶及其拓片

壶颈两面分别雕剔地阳文草书五言诗各一首，

其一为："玉斝千巡献，蟠桃五色匀。年来登鹤算，海屋彩云生。"末署"长春"。

其二为："芳宴瑶池熙，祥光紫极缠。仙翁齐庆祝，愿寿万千年。"末署"永年"。

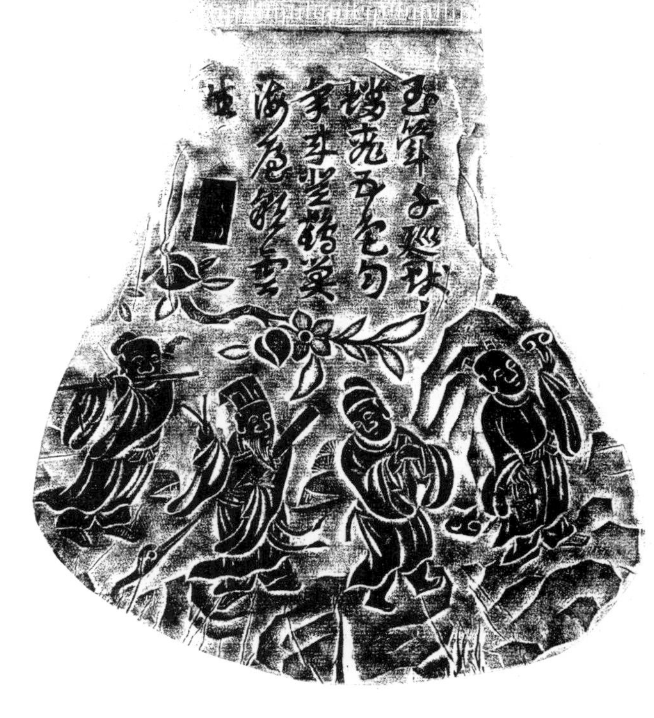

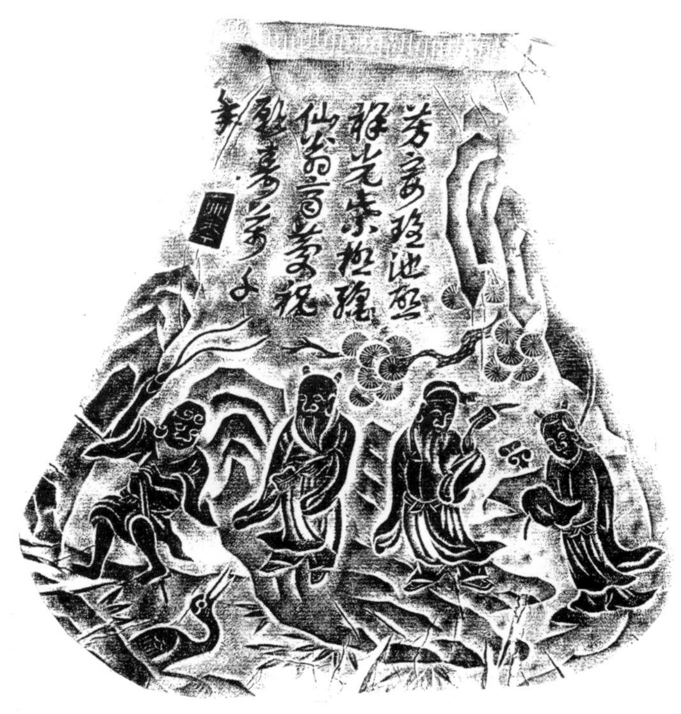

明嘉靖　蓝釉刻兽纹执壶

清　宜兴窑绿地粉彩公道杯

公道杯产生于宋代。此件公道杯既是一件实用器，又是一件让人猎奇、娱乐的玩具，在人们推杯换盏之际起到了助兴的作用。杯上有一凸起的小圆柱，柱上有一小孔，孔内有一泥塑老寿星，作为倒酒的标尺。当酒慢慢倒入杯中时，孔中的老寿星慢慢上升，上升到一定的高度时如果还在继续斟酒，则被视为有失公允，倒入的酒就会通过「虹吸现象」一滴不剩地全部流出，设计巧妙独到。

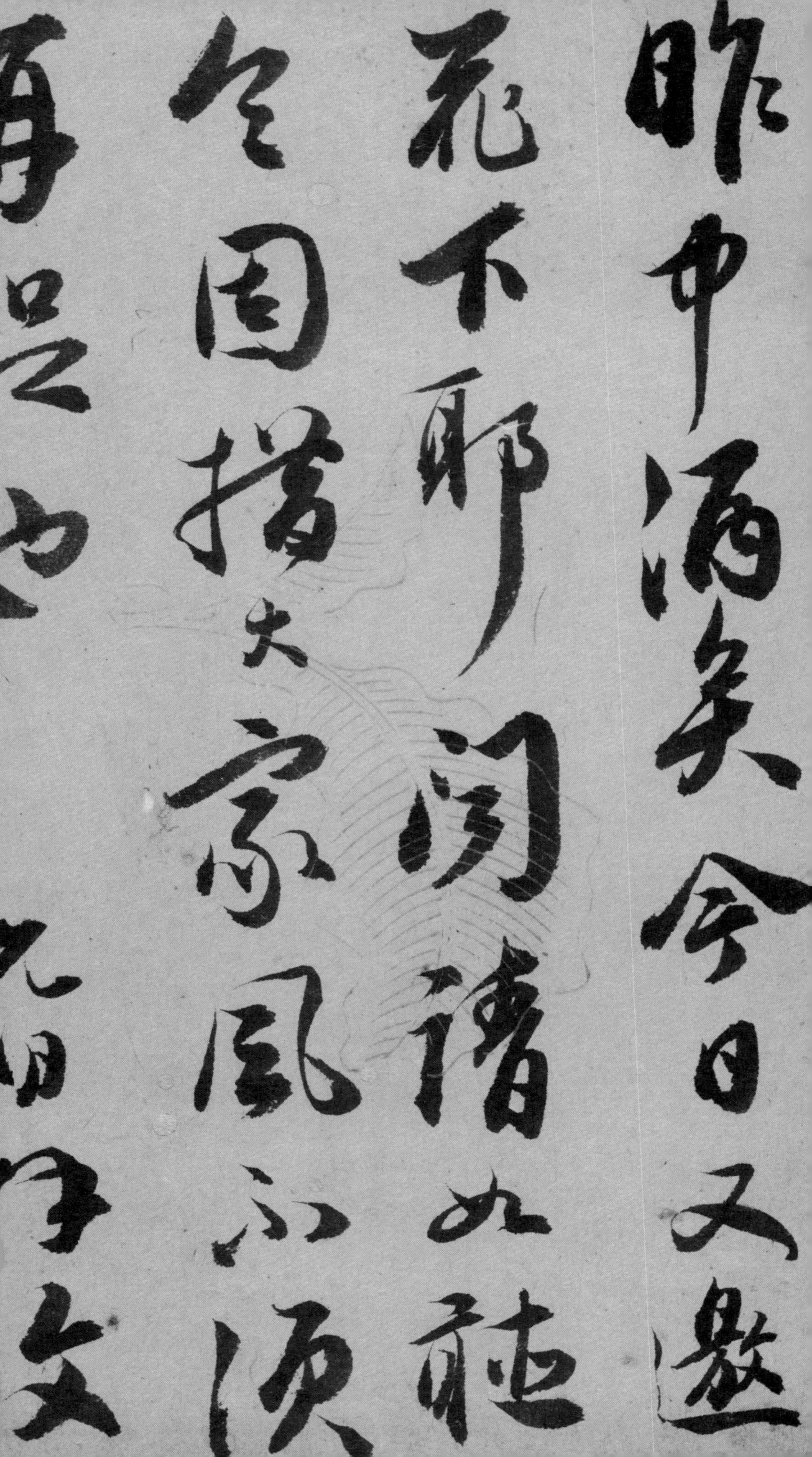

投骰劝酒

清　沙馥　饮酒图扇页

投骰就是掷骰子，通过投掷骰子劝饮酒，是一种简易快捷的酒令游戏，汉代就已开始，至今仍流行。骰子也称色子，是一种赌具，多为骨质，六面正方体，各面分刻有一至六的点数，掷之以点数多少决胜负。投骰子行令带有很大的偶然性，不需要什么技巧，能轻松地活跃酒桌气氛，因此渐渐变得十分流行。白居易《就花枝》云：「醉翻衫袖抛小令，笑掷骰盘呼大采。」把当时酒宴上行令的情景描写得惟妙惟肖。

史料中关于投骰劝酒的记载

大凡初筵，皆先用骰子，盖欲微酣，然后迤逦入酒令。

——皇甫崧《醉乡日月》

明 祝允明 行草书中酒札页

击鼓传花

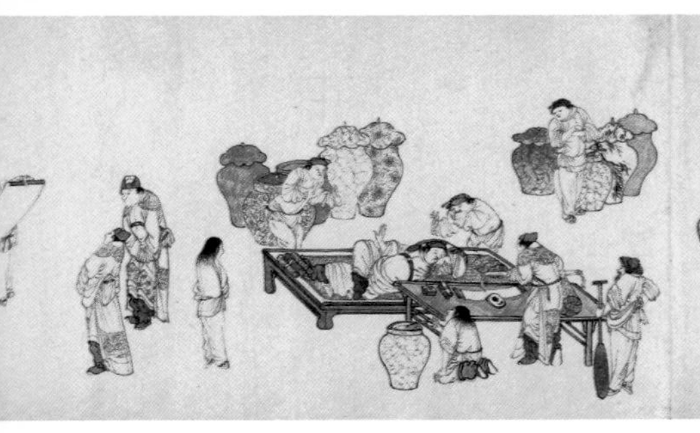

击鼓传花是一种既热闹又紧张的罚酒方式，自唐代兴起后历代盛行，一直传到今天。

击鼓传花的规则是：在酒宴上宾客依次坐定位置，由一人击鼓，击鼓的地方必须与传花的地方分开以示公正。开始击鼓时，花束就开始依次传递，鼓声一落，花束在谁的手中而没有传出去，则该人就被罚酒。花束的传递速度很快，每个人都唯恐花束留在自己手中。击鼓的人也要有些技巧，有时快，有时慢，造成一种不确定的气氛，加剧游戏的紧张程度。一旦

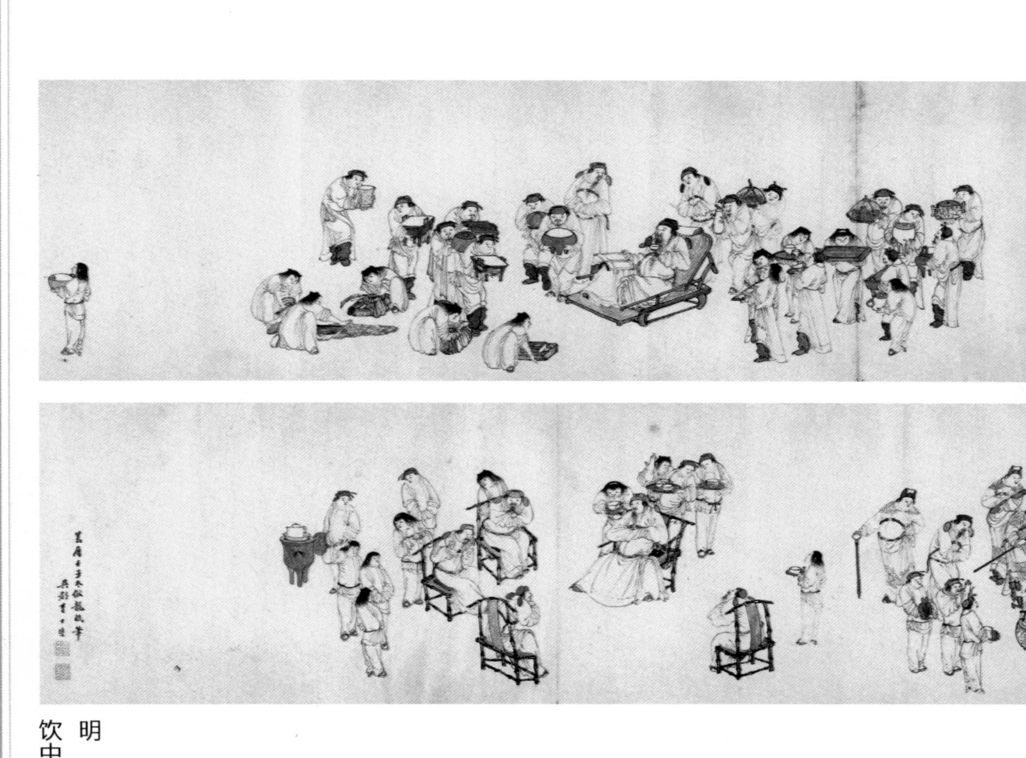

明 李士达
饮中八仙图卷

鼓声停止，大家都会不约而同地将目光投向接花者，一哄而笑，紧张的气氛即刻消失，接花者只好饮酒。这实在是一种老少皆宜的罚酒方式。当然，现在的击鼓传花也作为一种单纯的游戏流行在孩童之间，和饮酒没有什么关联了。

诗句中的击鼓传花

灼灼传花枝，纷纷度画旗。不知红烛下，照见彩球飞。借势因期克，巫山暮雨归。

——徐铉《抛球乐》

明　李士达　饮中八仙图卷（局部）

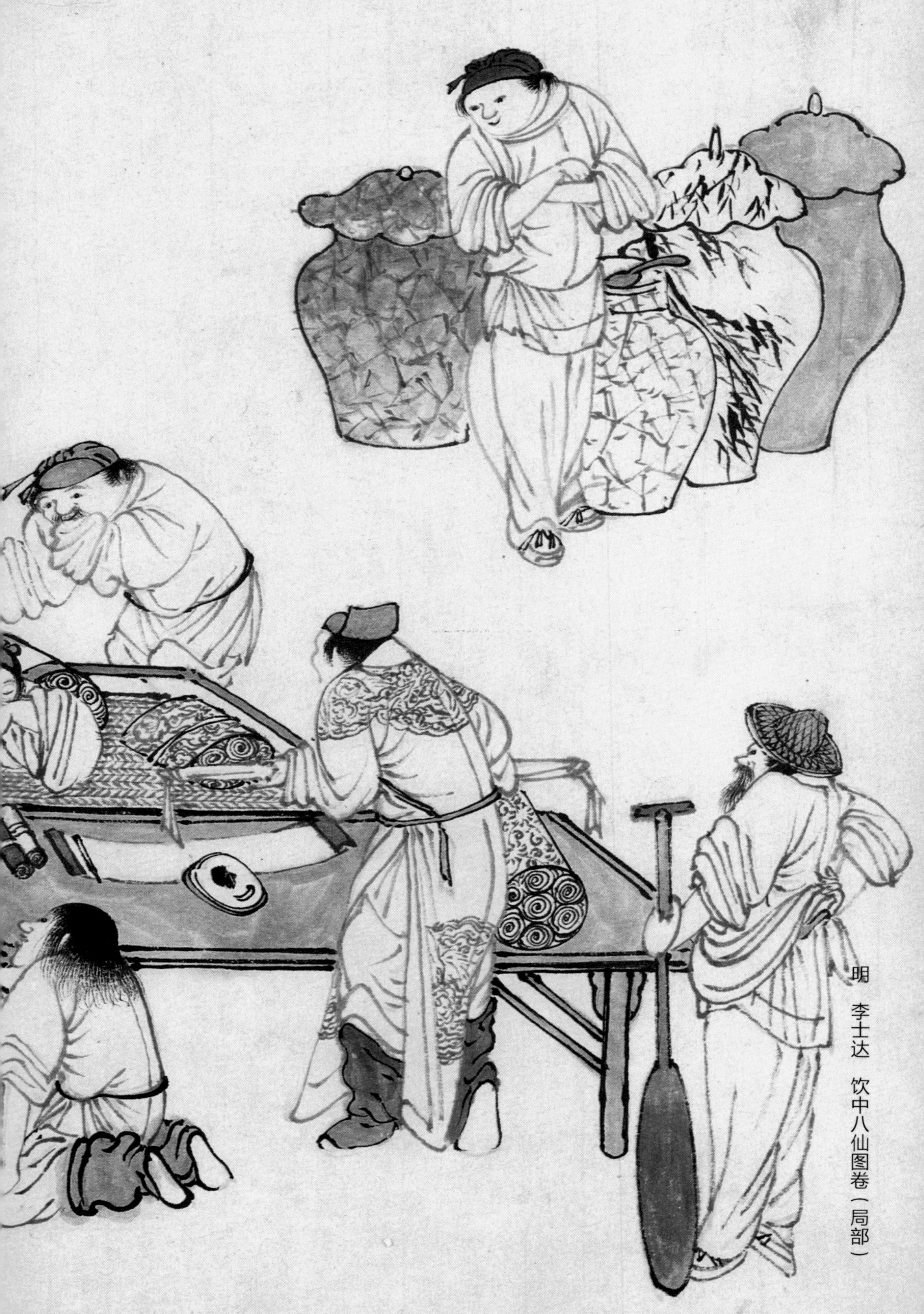

明　李士达　饮中八仙图卷（局部）

第四章

葡萄美酒夜光杯

酒文化，包括酒这种饮品自身、饮用的方式以及饮用的器皿。此外，饮酒器皿的名目、时风影响下酒器的造型与纹饰、酒器在不同场合的使用情况，将酒与酒的饮用紧密相联，共同构成了缤纷炫目的酒文化。

青铜酒具

青铜酒器，不仅是人们饮酒的器皿，更是当时社会、历史的见证和缩影。这些琳琅满目的各种青铜酒器成了研究与反映这种酒文化的主体和平台，它们的背后，往往隐藏着许许多多鲜为人知的故事。

商　鸟纹爵

爵，造型特点是有流、尾，旁有鋬，上有二柱，下有三足。青铜爵出土、传世文物数量较多，可见其为常用之酒器。

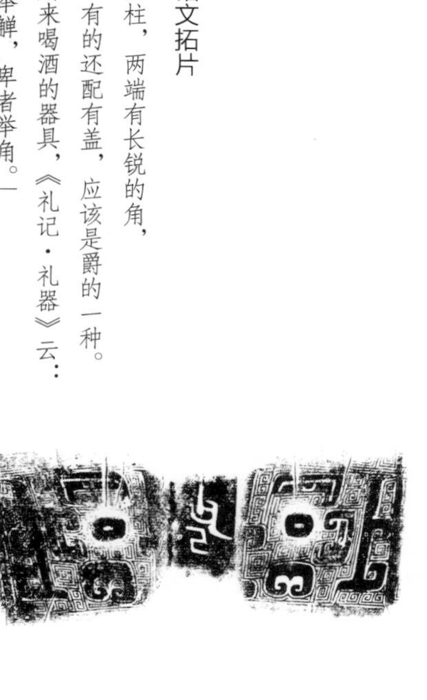

商　父己角及其铭文拓片

角，造型似爵而无柱，两端有长锐的角，并无流尾的区别，有的还配有盖，应该是爵的一种。角是低级别贵族用来喝酒的器具，《礼记·礼器》云：「宗庙之祭，尊者举觯，卑者举角。」

故宫博物院藏有数量众多的青铜酒具，它们名称复杂，造型精美。根据容庚、张维持所著《殷周青铜器通论》第五章「青铜器类别说明」中的「二、酒器部」，将青铜酒器分为五门，分别是煮酒器门、盛酒器门、饮酒器门、挹注器门和盛尊器门。下再分类，共计二十三类（文中的尊与鸟兽尊合为一类）。

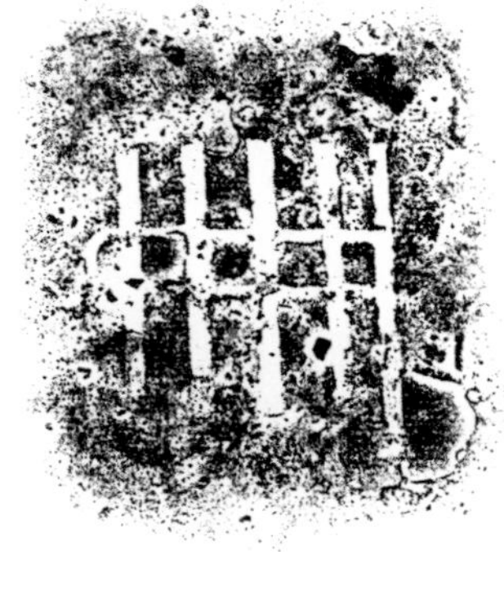

商　册方斝及其铭文拓片

斝，造型与爵、角类似，没有流与尾。斝这种器物虽然总出现在出土、传世青铜礼器之列，但并没有哪一件斝自铭为「斝」，罗振玉怀疑《礼经》中所谓的「散」即为斝，王国维则力证此说。《礼记·礼器》云：「尊者献以爵，卑者献以散（斝）。」可知斝的等级比较低。

商　网纹三足铜斝

商　竹父丁盉

盉，造型大腹窄口，有流、鋬，上有盖，下有三足或四足。盉是用来调节浓淡的酒器。

汉　龙首鐎斗

鐎，《韵集》云：「鐎，温器也，三足有柄。」

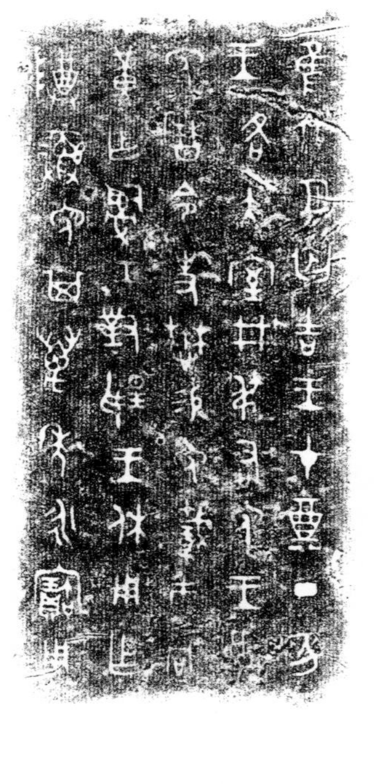

西周　免尊及其铭文拓片

尊，造型大口、圈足，与觯、觚类似，三者很难区别，只是大小的分别，大者即为尊。还有的尊做成鸟兽的形状，立体而生动。尊在礼器中的地位仅次于鼎，用于祭祀。

商　兕觥

兕觥，中国古代盛酒或饮酒器。《诗经》中屡见其名，如《国风·周南·卷耳》：「我姑酌彼兕觥。」主要盛行于商和西周前期。造型为椭圆形腹，圈足，有流有鋬，带盖，盖为带角的兽头形，极富想象力。

商　王之女叙方彝及其铭文拓片

方彝，中国古代盛酒器，盛行于商晚期至西周中期。其造型特征是长方形器身，带盖，直口直腹，圈足。器盖上小底大，为屋顶形，圈足上往往每边都有一个缺口。也有少数方彝下腹外鼓为曲腹状。

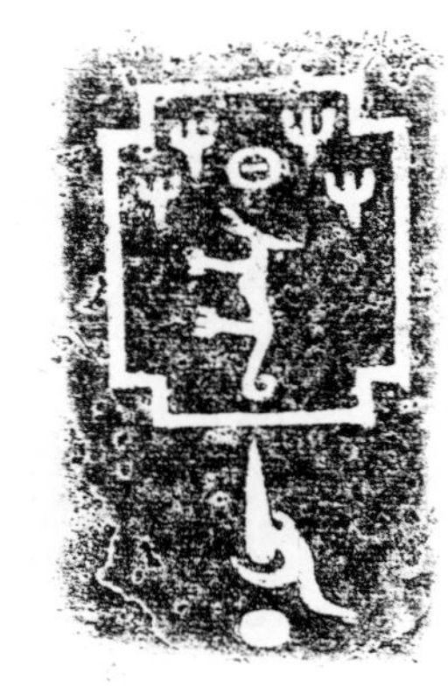

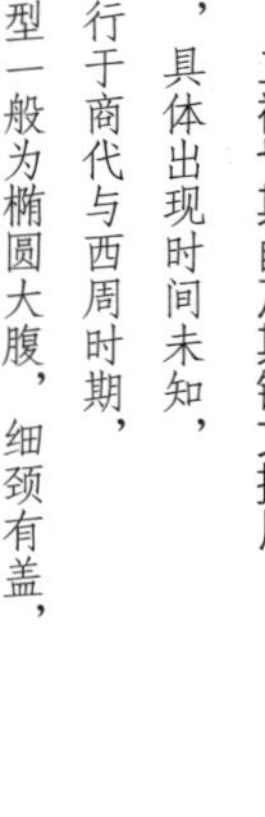

商　二祀𠨘其卣及其铭文拓片

卣，具体出现时间未知，盛行于商代与西周时期，造型一般为椭圆大腹，细颈有盖，有圈足、提梁。

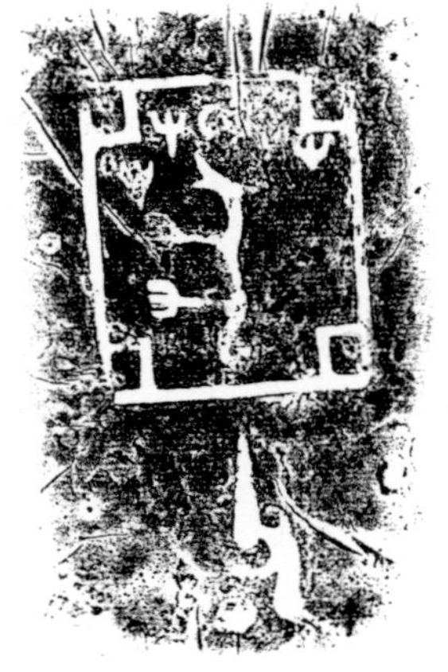

商　四祀邲其卣及其铭文拓片

商　亚醜方罍及其铭文拓片

罍，中国古代大型盛酒器和礼器，流行于商晚期至春秋中期。其体量略小于彝，有方形和圆形两种，方形罍出现于商代晚期，而圆形罍在商代和周代初期都有。

商　乃孙祖甲罍及其铭文拓片、局部

春秋　莲鹤方壶及其局部

春秋　莲鹤方壶（局部）

战国　燕乐渔猎纹壶及其纹饰展开图

壶，式样繁多，使用年代持续较长，直到春秋战国时期都是青铜器类中的经典器型。

春秋　郑义伯缶霝及其铭文拓片

缶霝，和壶、瓶为一系，出现于西周晚期，沿用至春秋时期，是一种盛酒器。

战国　嵌松石缶

缶，亦作缻，《说文解字》云：「缶，瓦器，所以盛酒浆，秦人鼓之以节歌。」

战国 错金嵌松石卮

卮，多为筒形，亦为酒器。

卮酒，即一杯酒。

商　駇癸觚及其铭文拓片

觚，长身、细腰、阔底、大口。殷墟出土很多，且多与爵、斝等成组出现。

商　山妇觯及其铭文拓片

觯，形似尊，容量较小。《礼记·礼器》云：「尊者举觯，卑者举角。」可见觯是贵族所用的饮酒之器。

西周　鸟纹觯

战国　鸟饰勺

勺，这里所说其形制是体圆中空，有长柄。出土器多与尊同见，应是用来从尊中挹酒再注入爵中。现今在一些造酒作坊之中还能见到这种用来提取、勾兑酒浆的长柄勺。

西周 夔纹铜禁及各式青铜酒具

陕西斗鸡台古墓出土，现藏大都会艺术博物馆。

禁，长方形，有足或无足，有足称「禁」，无足称「斯禁」。用来盛放酒尊。传禁是周朝天子为告诫后人不要重蹈商人饮酒无度最终误国而命名的酒具。青铜禁出土稀少，仅有六件：

一件现藏美国大都会艺术博物馆（一九三四年陕西宝鸡斗鸡台墓地出土）；

一件现藏陕西历史博物馆（二〇一二年陕西宝鸡石鼓山商周墓地出土）；

一件在日本大阪；

一件现藏天津博物馆（陕西出土）；

一件现藏河南淅川县博物馆（河南淅川下寺二号楚墓出土）；

一件现藏湖北省博物馆。

犀角酒具

中国酒文化源远流长，而作为酒文化重要代表之一的酒具，也发展得异彩纷呈。除去青铜、金银、陶瓷、漆、玉等材质之外，犀角制酒具也值得我们关注。

清乾隆时期江、浙、闽一带民间敬酒风俗

主人在适当时候吩咐取另外之酒杯（小字注：此杯或为以银或锡制之带脚酒杯，或为犀角杯）。此称为爵杯。主人向客人说：「要奉敬一杯。」向杯中斟满酒后双手捧给客人。客人双手接过说：「敬领。」饮干后，立即斟满酒向主人说：「回敬。」而把杯还给主人，主人双手接过饮干。然后，陪客亦用此杯逐次向贵客敬酒。主人再向陪客敬酒。陪客之间亦互相奉敬、回敬。

——中川忠英《清俗纪闻》卷九「酒宴」

明 尤侃款犀角雕松荫高士杯

犀杯的使用

从使用者的描述来看，犀杯似乎还不是普通酒具，而是多作为「劝杯」，即酒宴过程中用来劝酒的珍贵材质酒杯，在主客及陪客间传递，每次都需饮干。清人谈迁在《北游录》里，曾记述云南保靖「土官延客」：「主人方举箸自起行酒，至十余。金、银、犀、玉等器一酌不再侑。」因「其礼大抵拟于王公」，并非边地之俗，可证明犀杯之类在宴饮过程中的用法。

劝酒之酒杯与席间常设之酒杯不同，它们或者容量较大，或者形制特异、材质珍奇。据扬之水先生考证，劝杯是从唐代觥盏发展而来，而觥盏则源于先秦时期的兕觥。兕觥即所谓罚爵，是对宴饮过程中的失礼者进行罚酒的器具，为酒杯之大者。根据

明 鲍天成款犀角雕双螭耳虎纹执壶及其款识

孙机先生的看法，兕觥本即为犀角所制，山西石楼出土的一件青铜器正是仿照犀角之形而来。按照上古以来的饮酒习俗，举杯须尽，因此作为罚盏，它必得容量大，或不易饮尽，方可添助席间乐趣。宋元以后流行的劝杯，一方面可用于劝酒，一方面

可用于赏玩，后者在此前还未成风气，其间渗透的当是文人雅士的好尚。

以犀角制饮酒器还有一个原因是经常被提起的，就是古人认为它有极强的解毒功能，即乾隆皇帝在诗中所称的「解鸩因为器」。在今天看来，犀角的此种功能显然被

清 犀角雕太白醉酒图杯及其款识

夸大了，但这对犀杯的制作可能起到了一定的促进作用。类似观念甚至影响到外国人，如马司顿（Marsten）在《苏门答腊史》中就称：「犀角能解毒，故制为酒杯。十五世纪，泰雷司（Ctesias）称印度一角犀之功用，谓角制杯有奇效云云。」

清　犀角雕饮中八仙图杯

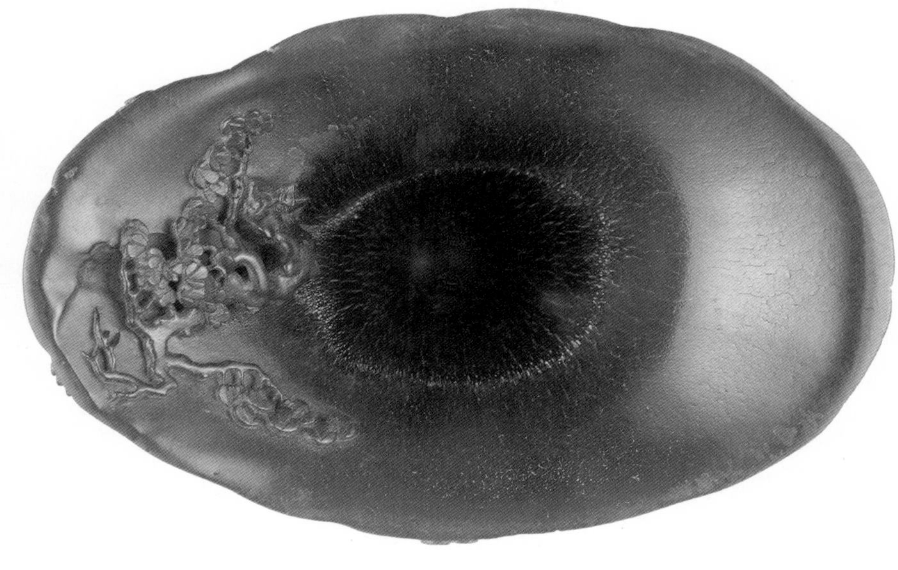

犀杯作为珍贵的酒具，还可以作为朋友间互赠的礼品。晚明东林领袖赵南星就曾赠予陈方伯（号荆山）一只，并在诗中说：「酌我犀角杯，遥思浇磊砢。」似有遥相呼应，以为祝祷之意。也可以作为有吉祥寓意的寿礼，如抗倭名将、戏曲家汪道昆的《荷叶犀杯铭》：「挹甘露，注青莲，为君寿，寿万年。」其意甚明。同时，犀杯还是一种重要的收藏品。著名文人王世贞曾在信中自称：「旧藏两犀杯，乃

明晚期至清早期　犀角雕兰亭修禊图杯及其局部

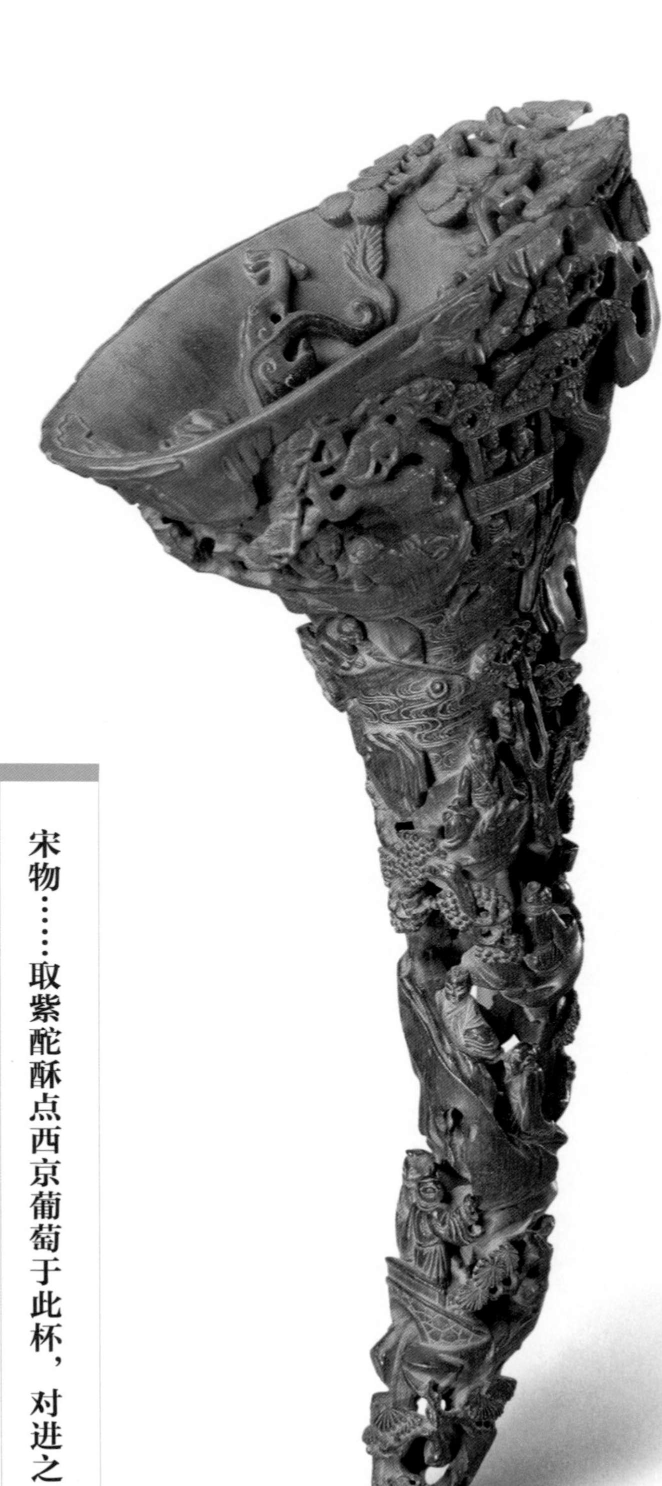

宋物……取紫酡酥点西京葡萄于此杯，对进之，当不恶。」可惜他只是一笔带过，没法让我们揣摩明人眼中的「宋物」到底是什么样子。

明晚期至清早期　犀角雕兰亭修禊图杯（局部）

明　犀角雕海水云龙纹杯

明　尤通款犀角镂雕花木人物槎杯

犀杯的形制

早期犀杯虽光素无纹，但器形优美，且呈现出后世犀杯常见的阔口小底之形。这样的设计当然最大限度地减少了对珍贵材质的浪费，也更好地突显出犀角本身的独特性。

牛津大学阿什莫林博物馆特雷德斯坎特陈列室（Tradescant Collection）中陈有一件犀角雕葵花纹杯，杯形如一朵大花，外壁枝蔓相连，在杯底成镂空环形座。此杯是英国皇室园艺家老特

明　尤通款犀角镂雕花木人物槎杯（局部）

照渚犀而逭温
氏刻杯仍此遇
尤家河源自槎
人間世漢使訛
傳星漢槎
乾隆御題

清乾隆　犀角雕西园雅集图杯

雷德斯坎特（John Tradescant, 1570~1638）旧藏，其卒年为一六三八年，故此杯的时代下限至少在十七世纪四十年代以前。有的学者更认为它可能是晚明福建漳州地区的产品。纽约大都会艺术博物馆藏一件犀角雕花鸟纹杯，不仅镶有十六世纪英国制银口足，且刻有铭文「Ellane Butler Countess of Ormond 1628」，证明此器制作的最晚年代也在一六二八年（明崇祯元年）之前。以上两件藏品很可能代表了晚明时期犀杯的一些

清　犀角镂雕蟠螭荷花式杯

典型特征。

另外两种犀杯形制也值得我们给予特别的重视。一是槎杯，这种器形比较特殊，一般而言多有中空的储酒空间，不过，其横置的方式显然与典型的犀杯竖向利用材料的方式不同。两相比较，槎杯更能发挥犀角天然形态的优势，故而得到了一些著名工匠的青睐，成为一种有代表性且具备一定传世实物规模的品类。槎杯很可能直接取自元代工匠朱碧山所创制的银槎形制，沈从文先生甚至上溯其源至战国时的羽觞、唐代的多曲长杯等古代「酒船」类器物。它似乎符合广义的仿古概念，而在演化过程中又被注入了祝寿等吉祥寓意，内涵越益丰厚。

另一是碧筒杯。以整枝犀角雕作束莲式，杯身为一大荷叶，茎为流，经弯折变形处理，其中空一直贯穿至杯身，形制

清　犀角雕莲螭纹荷叶式杯

非常新颖。它的意匠或许来自唐人段成式《酉阳杂俎》中关于「碧筒杯」的记载，体现了文人士大夫的生活品位、审美格调乃至无处不在的创意灵感和对时尚的引领作用。碧筒杯在多个工艺领域都有所反映，但在犀雕中却占有较为突出的位置。

碧筒杯

历城北有使君林，魏正始中，郑公悫三伏之际，每率宾僚避暑于此。取大莲叶置砚格上，盛酒三升，以簪刺叶，令与柄通，屈茎上轮囷如象鼻，传吸之，名为碧筒杯。历下教之，言酒味杂莲气，香冷胜于水。

——《酉阳杂俎》前集卷之七「酒食」

故宫博物院藏酒具撷英

酒具，不单单是实用之器，它同时承载着深厚的文化积淀，认识历代酒具的发展演变，对酒文化的研究大有裨益。

新石器时代　黑陶高柄杯

其造型与现今仍然在使用的高脚杯非常相像，杯身瘦高，撇口，略收束，杯柄上下略收，中间稍凸，并以四圆孔作为装饰，圆饼斜坡式底。整件器物无华丽纹饰，但陶质精良，做工精美，制作工艺考究，显露出早期器物朴实无华的特征，杯采用轮制方法拉坯，器表光滑平整，同时还采用了压刻和镂空等多种工艺手法，是一件上等的饮酒用具。

商 蝉纹觯

圈足，撇口，扁圆形，单柄。器身上饰有蝉纹。蝉纹主要流行于商末周初时期。蝉能够入地飞天，又会蜕壳变化，而且古人以为蝉每日只是靠餐风饮露来维持生命，是一种很奇特的生物，故而备受喜爱和崇敬。

汉 灰陶彩绘兽耳方壶

壶口与足底都为方形，且尺寸基本相同。斜坡式方形盖，周身纹饰以黑、红彩为主。壶是一种腹部庞大的长颈酒器，《诗经·大雅·韩奕》曰：「清酒百壶。」殳季良父壶有铭文曰：「用盛旨酒。」则指明了它可盛酒的用途。此件壶的造型和用彩皆仿照同时期的漆枋。

唐　鎏金铜杯

此件鎏金铜杯为撇口，倒钟形，高圆足，杯身通体光素无纹。

唐代的金银制品上多装饰姿态各异的动物或花卉等纹饰，此杯如此简洁的装饰表现手法，实不多见。

宋　影青注子与注碗

此器由注子、注碗两部分组合而成，属温酒用具。外面的注碗为瓜棱形，用于盛放热水温酒，里边的注子是盛酒器皿。

此种器型五代时已盛行，是金银所制。注子，也叫执壶，北宋早期多有盖，以狮形纽最多。执壶由唐代发展而来，到了宋代与注碗有机结合为一种新的组合酒具。

元　朱碧山款银槎及其局部

槎形如瘿结老树，槎上坐一道人，高髻云履，长袖宽袍，斜倚于槎上，单手托书，双目凝视，作读书状。正面槎尾刻「龙槎」二字，杯口下刻「贮玉液而自畅，泛银汉以凌虚，杜本题」十五字，槎腹下刻「百杯狂李白，一醉老刘伶，知得酒中趣，方留世上名」五言绝句一首，槎尾后部刻「至正乙酉，渭塘朱碧山造于东关，长春堂子孙保之」楷书款识。朱碧山，元末杰出的银制品铸作工匠。这件银槎是朱碧山为自己制作的一件槎形酒杯。

此槎杯造型独特新颖，取自汉张骞乘槎寻河源的传说。槎的形制来源沈从文先生以为：「本来可能是用沉香做成，犀、银均后仿。通属于『酒船』类。是从战国时腰圆形漆玉羽觞，到唐代六曲、八曲金银酒船，宋明发展而成这种浪漫主义形式的工艺品。」这件银槎融注了作者的艺术修养和生活癖好，同时也显示了元代铸银工艺的技术水平和艺术取向。

明　子刚款白玉单凤双螭万寿合卺杯

此杯由一块整玉雕琢成两个相连的直筒式杯。杯身上下各琢饰一周绳纹，表示将两个杯子捆扎在一起，寓意「合卺」。杯身两侧分别镂雕凤和双螭作为杯把。双螭之间以绳纹扎口，上琢一方形饰，上刻隶书「万寿」二字。杯身两侧以剔地阳文隶书体分别刻：「湿湿楚璞，既用既琢。玉液琼浆，钧其广乐。」末署「祝允明」三字名款。诗的上部有杯名「合卺杯」三字。另一侧刻诗句：「九陌祥烟合，千香瑞日明。愿君万年寿，长醉凤凰城。」诗上端与「合卺杯」杯名相对称处有「子刚制」篆书款。合卺杯应是进贡给明代皇帝结婚时的礼品，风格古朴典雅，诗词浪漫且富有情趣。名家诗词、书法集于一器，堪称传世佳作。此杯也是明代仿古玉酒具中最为著名的的作品之一。

明　张希黄款沉香木刻赤壁图酒斗

此件酒斗依材质的天然形状随形雕刻而成，器表面用浅浮雕的表现手法刻宋代文学家苏轼赤壁夜游的故事。酒斗上有「东坡游赤壁图」及「希黄子」款识，推测应为明代张希黄作品。此酒斗雕刻技法娴熟，人物栩栩如生。

清康熙　五彩十二月花卉杯（十二件取二）

杯敞口，圈足，足内青花双圈「大清康熙年制」两行楷书款。胎轻体薄，色彩清新淡雅，釉色细润洁白。五彩十二月花卉杯以十二件为一套，按照一年十二个月分别在杯上绘制代表各月的花卉，再配以诗句。这种套杯构思巧妙，风格新颖。

清康熙　五彩十二月花卉杯（一套十二件）

清乾隆　反瓷镂空荔枝式杯

一枝施以金彩的枝干巧妙地成为酒杯的把手，在枝干上结有两个荔枝，荔枝运用了反瓷的手法（以瓷土为胎，胎上雕琢纹饰，素胎烧成），又在上边密密麻麻地点上白色釉点，突出表现荔枝的质感。两个荔枝中一个是完整的，另一个是剥开的半个。完整的荔枝中空，上端有镂空网格，用来过滤，滤好的酒由内部的暗孔流向另一侧那半个荔枝，而这一半的荔枝内有银制里，才是真正饮酒的酒杯。在滤酒网格上还镂空有两行字：「叶分君子绿，果夺状元红。」整个作品将复杂的工艺、吉祥的寓意、实用的功能结合在一起，表现出高超的艺术水准。

清乾隆　掐丝珐琅嵌石爵杯

爵杯与托盘合为一套，仿古造型。杯盘做开光处理，饰掐丝莲花、螭纹，并镶嵌珊瑚、青金石、绿松石。托盘及杯底均署「乾隆年制」楷书款。

此杯是乾隆时期祭祀场合中所使用的酒器。

清乾隆　黄玻璃刻花酒盅及其款识

杯为棕黄色透明玻璃质地，圆口，杯身刻花卉纹饰，平底，底部有「乾隆年制」针刻款。该杯造型简洁，风格素雅。

清嘉庆　嘉庆御玩款匏制双龙瓶

瓶细长颈，宽腹，平底。

该瓶是用刻成龙纹的模范套在葫芦幼果上，待其生长成熟，去模成器。瓶上的龙纹生动清晰，底上缘模而成「嘉庆御玩」楷书款。

清道光　朱坚题诗蓝里方斗锡杯及其铭文拓片

杯为方斗形，配白玉柄。杯外套为锡，内里为江苏宜兴紫砂挂釉。锡套上刻有「愿持北斗浥酒浆，黄姑织女同飞觞」的诗句及「戊子蒲夏石楳作」等字。「戊子」为清道光八年（一八二八年）。此杯风格素雅，造型小巧而不失庄重，颇具古风。「蒲夏石楳」是清代著名的锡器制作者朱坚，其首创砂里锡壶为时所赏，此杯是朱坚颇具代表性的作品。

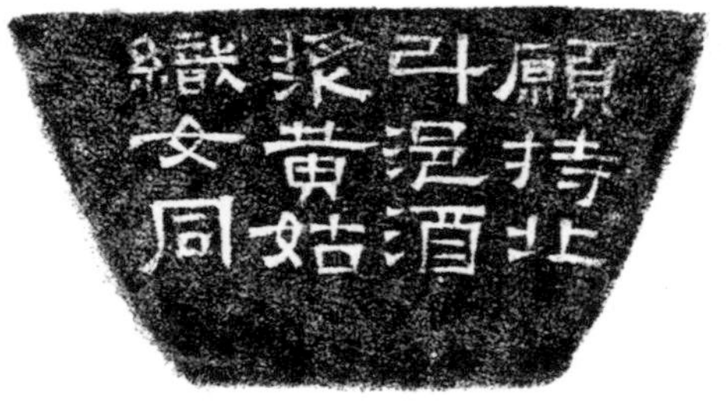

清同治 掐丝珐琅勾莲开光执壶

执壶束颈，垂腹，银兽首形曲流，银如意式柄，高圈足。壶腹两面有莲瓣式开光，内饰掐丝花卉纹。执壶开光外镀金光素，以刻意追求一种掐丝花纹、珐琅彩与铜镀金的对比效果。足底錾「同治年制」阴文楷书款。

清　银花鸟纹酒葫芦

酒葫芦为银质。造型为成熟的葫芦形，非常逼真，与天然葫芦无异。通体刻花鸟纹装饰，并用绳子结成网状，是一件出行时的便携式酒具。

清　竹雕饕餮纹提梁壶

壶为双层口沿，高颈，鼓腹，圈足，拱形圆盖，火焰式纽。壶体一侧为凤头式流口，另一侧为卷云式执柄。壶体自上而下饰弦纹、饕餮纹。活环式提梁，梁柄呈夔龙状。此壶竹刻技艺精湛，未见粘接痕迹。整体造型及纹饰仿商周青铜器。

清 白料单耳桃式杯

杯为玻璃质地，色如羊脂。杯身为桃形，配折枝把，平底。周身琢刻桃叶纹饰。

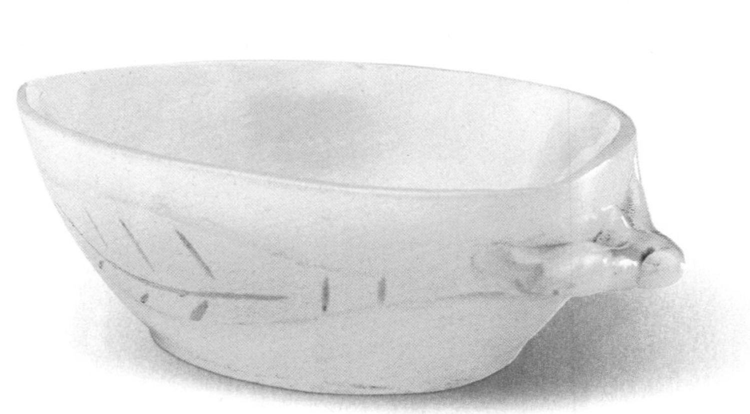

清 锡刻诗句鼓式温壶

此壶由盖、外套、内壶三部分组成。盖、外套为铜质，内壶用锡制。壶为鼓形，通体饰乳钉，质朴古拙。外套刻有诗文：「未识酒中趣，空为酒所茕。以文常会友，惟德自成邻。」此壶使用时，先将热水注入外套内，再将装好酒的内壶放入，以达到温酒的目的。

清 王胜万款桃式倒流锡壶及其铭文拓片

壶体为桃形，流、把均呈桃枝形，锡质。壶的腹部刻有诗句「武陵如可问，载酒任怡情」，「一枝娇欲助」及「王胜万制」名款。此壶上无注酒的盖口，使用时需先将壶倒置，由壶底的圆口注入酒水，再反转过来往杯中注酒，因而得名「倒流壶」。此壶造型最早出现于宋代瓷器中，此件锡制壶就是以瓷器为蓝本创作而成的。

本书内容节自《紫禁城》二〇一六年二月号苑洪琪、王雯骎《清代宫廷用酒》、关雪玲《清宫药酒摭拾》、周丹明《酒席间的游戏》、丁孟《中国青铜时代的酒文化》、刘岳《犀盏波浮琥珀光》。